浙江省重点教材——建筑创意设计案例教学电子教材　　丛书主编：于文波

建筑与城市——高层建筑设计

陈小军　编著

中国建筑工业出版社

图书在版编目（CIP）数据

建筑与城市——高层建筑设计 /陈小军编著. — 北京：中国
建筑工业出版社，2015.5
浙江省重点教材——建筑创意设计案例教学电子教材
ISBN 978-7-112-17989-3

Ⅰ.①建…　Ⅱ.①陈…　Ⅲ.①高层建筑 — 建筑设计 — 高
等学校 — 教材　Ⅳ.①TU97

中国版本图书馆CIP数据核字（2015）第064576号

本教材以高层建筑设计构思生成过程为内容组织主线，讨论高层建筑一般设计顺序及其与城市环境的辩证关系，从"城市的胜利"与"城市的生与死"正反两方面来讨论高层建筑与城市空间的协同、关联与反思，进而从城市层面来寻找高层建筑设计概念切入点。

在实际工程中，高层建筑设计相对多层建筑更注重建筑、结构、设备等多工种的相互协作；本教材结合丰富案例，来系统讲解各工种的典型设计要点。对高层建筑设计课程安排、优秀学生作业、网上教学资源等也作了专篇介绍。

本教材可满足高校建筑学或相关专业的高层建筑设计课程半学期（8周）或一学期（16周）的课堂教学使用要求，也可为建筑师的设计实践工作提供构思支持。

责任编辑：张莉英　于　莉
责任校对：张　颖　赵　颖

浙江省重点教材——建筑创意设计案例教学电子教材
丛书主编：于文波

建筑与城市——高层建筑设计
陈小军　编著

*

中国建筑工业出版社出版、发行（北京西郊百万庄）
各地新华书店、建筑书店经销
北京京点图文设计有限公司制版
北京画中画印刷有限公司印刷

*

开本：889×1194毫米　横1/16　印张：7¼　字数：200千字
2015年7月第一版　2017年8月第二次印刷
定价：**48.00**元（含光盘）
ISBN 978-7-112-17989-3
（27199）

丛书编委会

丛书主编：于文波

丛书副主编：王　红　陈小军　方绪明　刘霄峰　王　渊

丛书总序

 建筑创作与设计的教学可以从多个层面展开，涉及到城市环境、功能布局、建筑形态，也有与建筑结构、建筑设备等技术的相互交融，还与社会文化、地域特征等密切相关，进一步还涉及到建筑的尺度、流线、材料、构造等等设计的细节问题。如何传授设计理念、方法和技能一直以来都是各院校教学改革的核心问题。

 以往传统的建筑学专业课程体系是以"建筑类型"为主导的建筑设计课程教学，而这套系列教材则是强调以建筑本体为导向，突出"空间与环境"、"空间与行为"、"技术与建筑"、"建筑与文脉"、"建筑与城市"、"城市与生活"六大建筑创作与设计问题，由此形成的"模块化"教学组织思路与主线很有特点。

 这套系列教材针对建筑创作与设计中错综复杂的问题进行了合理架构、精心编制，其中对建筑创作与设计中诸多因素的解析、通过案例分析对设计问题的诠释，以及教学过程循序渐进的组织都颇为用心，令人印象深刻。浙江工业大学是一所由浙江省和教育部共同建设的综合性大学，其建筑学专业10年前通过了全国建筑学本科教育评估，建筑学科整体发展的势头强劲，通过这套教材能够充分反映出教学团队的教师们对教学的思考与研究。

 相信这套系列教材，特别是其附后的PPT的电子版本，会给从事建筑设计教学的老师带来极大的便利。也定能惠及广大建筑学专业的学生。另外，对建筑师和相关从业者也具有很好的参考价值。

王竹

浙江大学建筑学系教授·博导

全国高校建筑学专业教育指导委员会委员

中国建筑学会理事

2015.03

丛书前言

建筑设计知识的获取有三个并行的途径：其一，广泛读书，了解前人的理论和实践，批判地吸收；其二，行千里路，感受、观摩已建成优秀设计作品，取其精华；其三，思考、感悟形成个人对建筑环境的价值观，在此基础上不断地进行建筑设计实践探索。

当代建筑设计理论百花齐放，建筑形式和风格千变万化，国内外大师和前卫建筑师的轮番表演，加之现代网络的快速传播，使得在校学习建筑设计的学生无所适从、莫衷一是。这是好事也是坏事。

好事是同学们接受信息多了，借鉴的案例多了；坏处是学生在接受这些信息的时候缺少对建筑的深层理解，优劣不辨，简单模仿新奇的造型，以至于设计作业越来越无厘头而变得"奇奇怪怪"了；甚至老师也解读不了学生的想法。几年下来，除了模仿过几个大师的造型，学生对建筑设计本质问题没有解读，基本问题没有掌握，建筑设计的基本方法没有形成，建筑设计的基本知识不够系统。

鉴于此，我国优秀建筑院校建筑设计教学逐步从传统的以"建筑功能类型设计"为脉络的教学模式转换到以"建筑类型"为载体、以建筑"问题解决"为主线的教学探索。设计教学围绕当代建筑、城市中的重要问题（如环境与场地、功能与空间、构造与材料等）进行课程内容的细化、深化和系统化；并强调设计问题的系统解析，从而培养学生独立思考的能力。但是，由于建筑设计教师往往不情愿花大量时间去编写教材，教学过程中往往以基于自身经验的个体化教学为主，一些精彩的教学内容和个人专长一直没能在新的建筑设计教学中得以结合和推广，从而让更多的学生从中受益，这不能不说是一种遗憾。

八年来，我一直在琢磨建筑设计中教与学的种种现象，逐渐形成了"模块化建筑设计教学"构思框架，与参编本系列教材的老师们（课程组长）一起确定了各自设计课程教学应解决的关键问题，尝试把这些问题贯穿在现行五年的建筑学教学过程中，逐步建立了以建筑的"设计问题"为主线的教学探索，形成"模块化"系列课程的"一草"。在我校建筑学两届专业评估中，"模块化"教学体系得到了许多前辈专家的肯定，这更加坚定我和参加编著教师们的信心。"一草"之后，逐步建立"形态与认知"、"空间与环境"、"空间与行为"、"技术与建筑"、"建筑与文脉"、"建筑与城市"以及"城市与生活"七个相互衔接的模块化教学课程体系，也逐步形成了这套教材。

这套教材经过八年来不断的教学验证、改革、修改，逐步完善，她凝聚着我们建筑系全体教师的心血，也推动着我们学生专业素质的不断提高，获得了很好的社会反响。尽管还不够完善，她却弥补了国内缺乏的以建筑设计关键问题为主导的建筑学教材的空白。除了"形态与认知（形态建构）"已经出版外，本套丛书还包含6本：

1、空间与环境——小型建筑设计 编著王昕，副教授、东南大学建筑学博士。

2、空间与行为——幼儿园与老人院建筑设计，编著戴晓玲，同济大学建筑学博士。

3、建筑与文脉——社区活动中心与博物馆设计，编著赵淑红，副教授、东南大学建筑学博士。

4、技术与建筑——交通建筑设计与建构，编著谢榕，国家一级注册建筑师，国家一级注册规划师，资深建筑师。

5、建筑与城市——高层建筑设计，编著陈小军，建筑学硕士，国家一级注册建筑师。

6、城市与生活——居住区规划与住宅设计，编著仲利强，同济大学建筑学博士。

  教材的特点是以"工程化"主导，以案例分析为媒介，且以 PPT 的电子化形式呈现，便于阅读和教学使用。教材注重夯实学生对关键建筑设计问题的深入理解、注重应对问题的设计对策的系统解答。教材以建筑师的设计思维习惯，以问题提出、问题分析、问题解决为顺序编制教材的章节结构，不求大而全，但求典型的设计问题的系统解答，从而培养学生良好的思维习惯和设计方法。

  我相信并期望这套教材的出版能让国内建筑院校的学生和教师多有获益；我也衷心希望通过本系列教材的出版获得国内同行的回应，使之不断完善，为我国的建筑设计教学尽微薄之力；更希望有更多的建筑学优秀教师致力于此，产生更多更好的面向设计问题解决的建筑设计教材，为我国的建筑设计人才培养做出贡献。

  丛书的出版首先感谢我们全体教师长期以来对教学的奉献，为本套教材的编写提供建议和素材，也感谢各位编著教师的大量投入，更要感谢编委会教授们对系列教材的指导和帮助。没有这些，就没有这套教材的顺利出版。有了这些，人生多了许多战友，多了许多风雨兼程的坚持和记忆中的喜悦。

于文波

浙江工业大学建筑工程学院建筑学系教授·硕导·系主任

浙江工业大学建筑规划大类教学委员会主任

"城乡规划与设计"省重点学科负责人

2015.03

前　言

寻找各阶段设计限定——我的高层建筑设计方法

"授人以鱼，不如授人以渔"，高校建筑学本科设计课程应注重设计方法的教学。形成自身的设计"套路"远比完成某个建筑类型的课堂设计成果重要；况且掌握好的设计方法，往往能得到较好的课堂作业成果。重视设计方法的教学方式也对教师提出了更高的要求，因为好的设计方法往往来自理论和实践的有效结合。拥有系统的理论体系和扎实的实践知识的设计课教师往往能授予学生更有说服力的设计方法体系。

目前大多数高层建筑设计教材采用以各知识点分块来组织章节的横向结构，较少采用以设计构思生成过程为主脉的纵向结构。本教材试图结合笔者自身设计实践和理论研学，以设计构思过程为主线来组织内容，希望传达一种具有典型意义的高层建筑设计方法。

做设计的过程，其实是一个"寻找各阶段设计限定"的过程。随着逐渐深入的设计流程，从城市、基地、风格、功能、投资、运作等多方面寻找设计要应对处理的问题，抓住主要矛盾，时刻保持一份责任心，便能得到"方向相对正确"的设计成果。

如果通过本教材，能让观者得到些许启发，便是成功。感谢丛书主编于文波教授的全局把握，感谢国家一级注册建筑师张翔和各项目设计团队，教材中的设计实例是大家一起努力的成果。本教材得到浙江工业大学教学建设项目基金资助。

陈小军

2015.03

目录

上海城市规划展览馆现场模型照片，陈小军摄 2012.08。

建筑学是一门十分高尚的科学，不是什么人都可以胜任的，一位建筑师应该是一位天赋极佳之人，是一位实践能力极强之人，是一位受过很好教育之人，是一位久经历练之人，尤其是要有敏锐的感觉与明智的判断力之人，只有具备这些条件的人，才能有资格声称是一位建筑师。

——阿尔伯蒂

LEON BATTISTA ALBERTI ARCHIT.
FIORENTINO

阿尔伯蒂肖像。

图片来源：百度百科，
http://baike.baidu.com/view/1911393.htm.

注：阿尔伯蒂
　　L.B. Leon Battista Alberti（1404～1472），意大利文艺复兴时期的建筑师和建筑理论家。他的名著《建筑论》（又名：阿尔伯蒂建筑十书）完成于1452年，全文直到1485年才出版。这是文艺复兴时期第一部完整的建筑理论著作，也是对当时流行的古典建筑的比例、柱式以及城市规划理论和经验的总结。它的出版，推动了文艺复兴建筑的发展。

第一章 定位——课程性质与授课重点

从巴黎埃菲尔铁塔远眺德方斯新区照片，陈小军摄于 2012.07.

1.1 课程体系中的定位与任务

高层建筑设计课程是"建筑与城市"教学模块的主干课程，是建筑学专业必修课，课时安排 8 周，每周 8 个学时。

要求初步了解高层办公综合建筑与城市整体及区域空间环境的相互关系和处理方法；

熟悉高层办公建筑的总体布局要求以及功能分区和流线组织要求，掌握高层防火设计要点；

学习高层办公综合建筑造型设计要素及其空间组合形式，进一步训练和培养学生建筑构思和空间组合的能力；

初步了解高层办公综合建筑结构特点，掌握墙体与柱网的关系以及柱网的布置方式；

初步了解高层办公综合建筑设备设计要点。

1.2 教学目的与内容

高层建筑设计课程结合"建筑与城市"教学模块安排，要求学生进一步熟悉、掌握建筑设计的一般流程和基本方法，并关注建筑与城市的关系。

重点学习高层建筑一般设计方法，对相关总图、功能、流线、造型、消防、结构、设备等设计知识要点基本了解并有所运用。

高层建筑设计课程教学基本内容包括高层建筑概论，高层建筑与城市关系，可纳入高层建筑与城市关系研究的理论和方法论，高层建筑造型设计、高层建筑设计深化包括消防、地下室、标准层等设计，结构设计和设备设计基本知识等。

1.3 授课重点

高层建筑设计授课重点包括：
A. 本科四年级教学的几个转变；
B. 建筑与城市的关系；
C. 高层建筑设计原理与设计要点；
D. 工程化知识的教学；
E. 课程教学安排讲解，包括设计题目、调研、调研报告讲演、集中评图、课程快题设计与分阶段成果评分以及教学衍生——网络课程、短学期等内容。

伦敦市政厅区域现代高层建筑局部照片，陈小军摄于 2012.07.

2013 年 03 月

2012 年 07 月

从巴黎埃菲尔铁塔远眺蒙帕纳斯大厦照片。陈小军摄于 2000.03 及 2012.07.

作者时隔 12 年在同一地点同一角度拍的两张巴黎照片，城市面貌几乎不变。相对我国当前的城市建设进程，12 年完全可以让一个城市局部面目全非。这对我们建筑师而言，是一个历史留给我们的巨大机会，更是一份沉甸甸的责任。

本科四年级教学的几个转变：

转变 1：从"技术与城市"教学模块到"建筑与城市"教学模块的转变；

转变 2：从多层设计领域向高层设计领域转变：
1. 规范因素
2. 造价因素
3. 各设计工种配合，包括建筑结构、设备、经济等多工种协作。
4. 其他多种因素

转变 3：从"象牙塔"校园学习向参加工作准备阶段转变：
1. 画图习惯
2. 设计师、工程师基本素质
3. 设计画图能力
4. 分析、协调、合作和沟通能力

高层建筑设计的教学重点相对三年级设计课教学有几个转变：多层向高层转变、单一工种向多工种配合转变、手绘向电脑出图转变、基础设计手法学习向综合设计方法转变、单体建筑设计向城市区域核心建筑设计转变。

要求学生逐步形成自身的设计方法和设计习惯，关注造价、消防规范、结构体系等原先不敏感的设计内容；对建筑工程知识要求更多，包括建筑结构、建筑设备、建筑经济、消防规范、幕墙节点、地下车库安排等内容。

有些同学不能适应这种转变，以做多层的设计方法来做高层，忽视规范、结构和造价的因素，走了不少弯路。

高层建筑设计课程的部分任课教师有针对性地安排了有丰富工程设计经验的教师，对建筑与城市、建筑形体、建筑结构与标准层设计、地下室设计、绿色高层建筑手法等作重点讲授。

结合学院培养目标，重视工程设计和制图的规范，为学生走上社会打下坚实基础。

结合模块化教学计划，把主干课程和技术、经济、法规及社科类课程结合起来，形成完整合理的知识构架和能力发展构架。

高层建筑设计课程是建筑学本科教学进程中第一次全电脑出图，对 sketchup、autocad、photoshop、3dmax 等软件有实战的要求，尤其 cad 工程图出图要有专项教学。

重视学习方法和设计方法的引导和培养。

1.4　高层建筑设计内容整体构成

·定位设定：

高层建筑要考虑所在城市区域的整体环境要求，尊重城市空间脉络和天际线，合理确定风格、体量、功能，以及交通流线组织、开放空间安排等，要做到高效利用土地，丰富城市街道景观，改善城市区域环境。

·总平面设计：

根据规划条件和建设要求确定建筑体量，包括地上和地下两个部分，合理布置建筑于建设场地中。综合考虑建筑与周边环境的相互关系，考虑消防、日照、通风、防灾、排污等多个因素；考虑各种不同性质人流，以及车流、物流等流线；考虑广场、花园、树木等各种环境艺术因素；考虑各个方向的视线，考虑建筑物的看与被看；考虑设备管线的综合排布等。

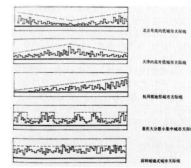

北京旧市内高低城市天际线

天津内高外低城市天际线

杭州缓地形城市天际线

重庆大分散小集中城市天际线

深圳城镇式城市天际线

高层建筑城市轮廓示意图。

·平面设计：布置标准层设计成为高层建筑设计的关键，核心筒的设计要求使用便捷高效同时满足疏散、设备布置、舒适性等各项要求。合理考虑标准层的平面系数和体形系数，二者对建筑使用效率、生态节能等因素皆有影响。

·剖面设计：垂直交通是高层建筑设计的又一关键。楼梯、客梯、货梯、消防电梯等构成垂直交通的主要内容，超高层建筑电梯在平面上和剖面上都要考虑分区。

高层综合体建筑剖面设计要合理安排各个功能，要使用方便、相对独立、共享资源、综合管理。

·造型设计：高层建筑是城市区域空间的中心，其造型是区域城市空间格调的决定因素之一。高层建筑造型可分解为基座、主体、顶部等各部分造型组合，也可以是一体化整体构成。

·结构设计：结构选型、构件布置、传力途径、建构、节点、耐久性等系统设计。

·机电设备设计与智能化设计：给水排水、强电、弱电、暖通、智能化系统设计。

·地下室设计及基坑维护设计：地下室布置和结构设计，开挖基坑支护设计。

·幕墙设计与亮化设计：玻璃、金属、石材、板材幕墙设计，外照明设计。

·环境艺术设计：广场、绿化、园林等环境艺术设计。

·室内设计：建筑内部空间系统设计，包括硬装、软装等设计。

·其他设计：BIM辅助设计、标识系统设计、立体车库设计、管线综合设计、市政设计、家具设计等。

·高层建筑设计要注重多工种工作内容整合的合理和高效。

第二章 演变——高层建筑概论

从巴黎埃菲尔铁塔远眺德方斯新区照片，图片来源：http://www.miui.com/thread-826313-1-1.html

2.1 高层建筑的定义和种类

高层建筑相对于多层建筑与低层建筑而言，高度更高、层数更多。世界各国对高层的定义不一，美国规定25m或7层以上、日本规定31m或11层以上、英国为24.3m以上、法国为居住建筑50m以上其他建筑28m以上为高层建筑。

我国《民用建筑设计通则》GB 50352-2005规定住宅建筑按层数划分为：1～3层为低层；4～6层为多层；7～9层为中高层；10层以上为高层。公共建筑及综合性建筑总高度超过24m者为高层（不包括高度超过24m的单层主体建筑）。《建筑设计防火规范》GB 50016-2014第2.1.1条规定高层建筑为建筑高度大于27m的住宅建筑和建筑高度大于24m的非单层厂房、仓库和其他民用建筑。我国《高层建筑混凝土结构技术规程》JGJ3-2010划分高层建筑为10层及10层以上或房屋高度大于28m的住宅建筑和房屋高度大于24m的其他高层民用建筑。

建筑物高度超过100m时，不论住宅或公共建筑均为超高层。2005年版《高层民用建筑设计防火规范》GB 50045-1995第1.0.5条规定：当高层建筑的建筑高度超过250m时，建筑设计采取的特殊的防火措施，应提交国家消防主管部门组织专题研究、论证。《建筑设计防火规范》GB 50016-2014第1.0.6条规定建筑高度大于250m的建筑，除应符合本规范的要求外，尚应结合实际情况采取更加严厉的防火措施，其防火设计应提交国家消防主管部门组织专题研究、论证。

高层建筑的划分在技术上主要依据城市登高消防器材、消防车供水能力等条件，随着新技术、新器材在消防上的使用，高层建筑"越长越高"。

在艺术上对高层建筑的定义是一个相对概念，要考虑周边建成环境的特征，在以1层、2层传统建筑为主的老城区，即使是一幢6层高的建筑也会成为城市空间的地标而必须像对待高层建筑那样严格控制设计、谨慎建造安装。

· 高层建筑的种类

从高度而言，高层建筑分为中高层（7～9层）、高层（10层及10层以上）和超高层（100m以上），目前一般认定250m以上为超高层。

从使用功能而言，高层分高层住宅和高层公建两类；前者包括高层普通公寓、单身公寓、通廊式宿舍、空中别墅等多种类型，后者包括写字楼、商业、金融、宾馆、政府办公等多种类型。

从结构体系而言，高层建筑混凝土结构包括框架体系、剪力墙体系、框架-剪力墙体系、筒体体系、板柱-剪力墙体系等；高层建筑钢结构包括框架体系、双重抗侧力体系、筒体体系等。

从施工方式而言，高层建筑包括现浇施工高层、装配式高层、综合施工高层等类型。

从建造业主而言，高层建筑包括政府建设高层、商业开发建设高层、集资建设高层等多种类型。

深圳特区报业大厦坐落于福田区深南大道，是一座高标准的现代化智能大厦。于1997年落成使用，总高50层，其5A级智能化系统成以报业主流业务为核心的现代化生产系统，被称为"新闻巨观"。深圳报业大厦是深圳文化产业发展的重要标志之一。
图片来源：http://baike.baidu.com/view/3523138.htm?fr=aladdin

2.2 古代高层建筑的发展

自从人类有了建造活动以来，从未放弃过对建筑高度的追求。传统意义上的高层建筑，可以体现多重意义：

宫阙可体现君王的威严；楼阁可体现财富的荣耀；佛塔可体现宗教的指引。

传统高层建筑的建设是为政治、宗教或财富服务。也有个例是为技术等其他因素服务，比如河南登封古观星台。

图片来源：
大明宫复原透视图 http://h.hiphotos.baidu.com/baike
登封古观星台：陈小军摄，1999年。
黄鹤楼照片：http://image.so.com/v
大雁塔照片：http://www.nipic.com/show/1/38/4242293ad16ba3ac.html

古代高层建筑更多体现建筑的精神意义。

"塔"是中国历史建筑最多的"遗物"，其独有的往高空垂直伸展的体量成为现代高层建筑的雏形，上海金茂大厦就是以中国传统密檐塔为构图雏形。

建于宋朝的河北定县开元寺料敌塔，高达80m以上，是现存于世的最高的砖石古塔。建于辽清宁二年（公元1056年）的应县木塔，高67.31m，经历雷电、炮火等多次天灾人祸而屹立不倒。嵩岳寺塔建于北魏正光四年（公元523年），位于河南登封嵩山南麓，高40m，是我国现存最古的密檐式砖塔。

西方古建筑发展同样存在对高度孜孜不倦的追求的现象。公元前三世纪中叶建造的胡夫金字塔高146.6m。公元120-124年建造的罗马万神庙穹顶高度和宽度皆为43.3m。13世纪中叶开始建造的科隆主教堂中厅高达48m。12世纪后期建造的比萨主教堂钟塔高55m。

图片来源：
金茂大厦：http://image.baidu.com
天宁寺砖塔：
http://baike.sogou.com/v64906.htm?ch=ch.bk.innerlink
应县木塔：
http://news.sina.com.cn/c/2013-07-28/164527793366.shtml

2.3 现代高层建筑的发展

随着建造技术尤其是钢筋混凝土及钢结构技术的发展，现代意义上的高层建筑于 20 世纪初期渐具雏形，一个新的建设时代开始了！

混凝土在西方古代即被使用过，罗马人用火山口喷发的火山灰混合石灰、砂制成了原始的混凝土，万神庙即使用了混凝土。中世纪对古典文明的破坏使这种材料和制造方法失传。工业革命以来，应现实生产的需要，西方开始进行新材料的探索和研究。

1774 年，英国人在 Eddy stone 采用石灰、黏土、砂、铁渣混合研制出初期的混凝土，用来建造灯塔，牢固而且成本低廉。1824 年，英国人 Joseph Aspdin 发明了胶结水泥，起名"波特兰水泥"。1850 年，法国人 Joseph Monier 采用波特兰水泥组合铁丝网制成花盆，成为近现代钢筋混凝土的雏形。同年拉布鲁斯特设计的巴黎圣日内维夫图书馆的拱顶采用钢筋混凝土结构，成为世界上第一个采用此结构的大型建筑。19 世纪 90 年代，法国人 Francois Hennbique 最早采用钢筋混凝土建造自宅。1903 年法国建筑家 Auguste Perret 用钢筋混凝土结构建造了一栋 8 层高的公寓楼。1913 年美国人开始采用回转窑生产新料混凝土。1929 年瑞典伊通公司开始生产加气混凝土。20 世纪初，钢筋混凝土结构大厦在芝加哥大量涌现。(参考文献：赵小凡等，浅谈钢筋混凝土结构的发展，建筑与工程，2001 年 27 期。)

水晶宫图片。
图片来源：http://tupian.baike.com/s/伦敦水晶宫/
xgtupian/1/4?target=a0_03_25_01300000291746125959
258816532_jpg

20 世纪初，钢筋混凝土结构大厦在芝加哥大量涌现。

钢结构一开始使用在桥梁、铁路上，后来使用在仓库、厂房中，然后逐渐使用在民用建筑中。1796 年，英国 Shrewsbury 的马歇尔工厂厂房建筑采用了钢铁支撑柱和木衍木构架，开创了钢铁结构建筑的先河。1851 年英国建筑家约瑟夫·帕克斯顿设计了伦敦世界博览会，俗称"水晶宫"，具有划时代的意义，总建筑面积达 7.27 万 m²，建造只用了 34 个月。

1889 年法国工程师埃菲尔设计的高 324.8m 的埃菲尔铁塔，建造只用了 9 个月时间。钢筋混凝土和钢结构技术的发展，奠定了近现代高层建筑发展的技术基础。

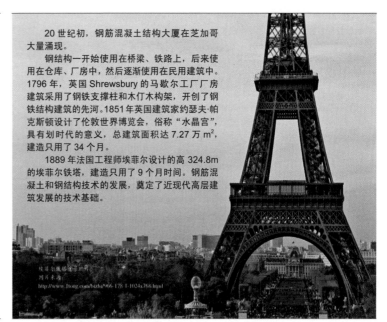

埃菲尔铁塔建造实景。
图片来源：
http://www.ltong.com/bizhi/966-178-1-1024x768.html

2.4 美国高层建筑的发展

新的生产力发展要求促使新的建造材料和技术的出现，同时促使新的审美观念的诞生和壮大，现代主义建筑以革命的姿态战胜了古典主义的建造方式和美学体系。现代高层建筑率先在美国发展起来，分为四个时期。

一、芝加哥时期，1865 ~ 1893 年，约 28 年。

1865 年美国南北战争结束，芝加哥成为北方产业中心，商业活动发展迅猛，城市地价上涨、人口密集，客观上出现了高层建筑的建设基础。受到"编篮式"木构架的启发，依附于钢铁框架、铆接梁柱的建筑结构体系得到采用。1853 年奥蒂斯发明了安全载客升降机，解决了高层的垂直交通问题，钢铁框架结构体系发展起来。

1883 ~ 1885 年，詹尼设计了世界上第一座钢铁框架结构的大楼——芝加哥家庭保险公司大楼，采用了生铁柱、熟铁梁和钢梁等。

曾在詹尼建筑设计事务所工作过的沙利文（Louis Henry Sullivan, 1856 ~ 1924）提出了"形式追随功能"的口号，在设计中结合新的结构形式采用了横向水平的窗户，被称为"芝加哥长窗"。在古典主义、折衷主义等设计风格中，简洁、明快的现代主义建筑风格发展起来。伯纳姆设计的瑞莱斯大厦（Reliance Building,1890 ~ 1904 年）是代表作品之一。

沙利文在当时提出"形式追随功能"的口号。这个时期的建筑大多有折衷主义的倾向，部分仍具古典主义的外衣，但也有以简洁大方的形象出现，比如在 19、20 世纪之交沙利文设计的芝加哥百货大楼。

图片来源：
芝加哥家庭保险公司大楼：http://t.sohu.com/p/m/1866804533
芝加哥百货公司：http://www.ad.ntust.edu.tw

沙利文 Louis Henry Sullivan（1856.9.3~1924.4.14）美国现代建筑（特别是摩天楼设计美学）的奠基人、建筑革新的代言人、历史折衷主义的反对者。他做了大量工作，以使建筑师重新成为从事创作性工作的人物。

图片来源：http://hanyu.iciba.com/wiki/5423305.shtml
瑞莱斯大厦照片。
图片来源：http://image.so.com/v?q=Reliance+Building&src

沙利文 .H.S

二、古典复兴时期，1893 年～世界资本主义大萧条前后，约 36 年。

1893 年芝加哥博览会后，高层建筑发展中心逐渐转移到了纽约。纽约的第一栋框架结构高层建筑建于 1896 年，比芝加哥家庭保险公司大楼晚 11 年。纽约的高层建筑在经济高速发展的基础上如雨后春笋般地建造起来，其中很多是大公司的总部大楼，大都在努力争夺世界第一高楼的光环。

纽约的建筑师大多是巴黎美术学院的毕业生，受传统古典建筑影响深远。吉尔伯特（Cass Gilbert）设计的纽约伍尔沃斯大厦（Woolworth Building）于 1913 年建成，高 238m。正方形的建筑主体塔楼高高耸立在 20 层的 U 型基座上，外观挺拔优雅，顶部采用哥特式尖顶，建筑被称为"商业大教堂"。

伍尔沃斯大厦照片。
图片来源：
http://www.ad.ntust.edu.tw/grad/think/92recentwork/
StudentWorks/B9013002-16/homa.16.1/

威廉·范·艾伦（William Van Alen）设计的纽约克莱斯勒大厦于 1930 年建成，高 319.4m，77 层，顶部采用逐层缩小的设有锯齿形装饰的不锈钢拱门，形成层层收进的尖塔，标志性极强，在很长时间内统治了纽约的城市天际线。

1922 年，进行了芝加哥论坛报大楼的设计竞赛，美国建筑师约翰·米德·豪厄尔和雷蒙德·胡德合作的哥特式复古风格的设计方案在 260 名参赛者中胜出，并于 1927 年建成。

纽约克莱斯勒大厦照片
图 片 来 源：http://www.nipic.com/
show/1/73/c7d9db31e704bc7b.html
芝加哥论坛报大楼照片
http://www.nipic.com/show/1/73/
3557414k01e8af01.html

三、现代主义时期，二战后～ 20 世纪 70 年代，约 40 年。

1929 年开始的经济大萧条一直持续到了二战后，战后美国经济发展迅猛，逐渐成为世界超级大国，高层建筑得到极大的发展。

古典主义风格不符合战后重建的要求，"少就是多"、"装饰就是罪恶"的理性主义风格占了上风。20 世纪 40 年代末到 50 年代末，随着工业技术的发展，以密斯为代表的技术精美主义占据主导地位，精致的玻璃盒子建筑成为设计时尚。随后，典雅主义、粗野主义等多种风格建筑百花齐放。到 20 世纪 60 年代末以后，现代建筑向多元化发展，与后现代建筑并行发展。

SOM 设计的利华大厦（Lever House）是世界上第一座玻璃幕墙高层建筑，1951 ～ 1952 年在纽约建造，作为纽约利华公司的办公大楼，共 24 层，上部 22 层为板式建筑，下部 2 层呈正方形基座形式。建筑采用了深绿色不透明钢丝网玻璃墙裙与淡蓝色吸热玻璃带形窗相间的玻璃幕墙，规整、整洁，开创了全玻璃幕墙板式高层建筑的新手法，成为当时风行一时的样板。该建筑获得 1980 年美国"25 年奖"。丹麦在 1958~1960 年间建成的哥本哈根 SAS 大厦，就是模仿利华大厦的造型。

利华大厦（Lever House）照片。
图片来源：http://image.baidu.com

这种基于理性主义设计思想的运用钢和玻璃的盒子式建筑被称为"国际式"建筑，追求整体简洁，细节精致，体现新时代新的审美趋向。1951 年密斯设计的芝加哥湖滨公寓，1958 年密斯设计的西格拉姆大厦成为代表。

图片来源：芝加哥湖滨公寓：http://vr.theatre.ntu.edu.tw/fineart/architect-wt/mies/residential-x.jpg
西格拉姆大厦：http://tech.163.com/07/0425/16/3CUHLCRD000924NH_2.html

建于1959～1963年的英国莱斯特大学工程馆是斯特林和戈文合作设计的，以直率的形式清晰地表达了功能、结构、材料、设备与交通系统等，风格独特。

雅马萨奇设计的纽约世贸中心双塔（World Trade Center,1973年）是典雅主义建筑的代表作，结构密集的外包柱构成立面竖线条体系，并在底部收于精致的尖镟。

纽约世贸中心双塔照片。图片来源：http://www.zhuoku.com/zhuomianbizhi/show-fengjingou/20120930220043(11).htm#turn
英国莱斯特大学工程馆照片。图片来源：http://www.hjenglish.com/liuxue/p191808/

四、后现代主义与现代主义之后时期，20世纪70年代至今，约50年。

20世纪70年代后，特别是80年代经济出现繁荣，带来多元化的文化思潮，客观上要求高层建筑设计风格的多元化，国际式的玻璃盒子又成为冷漠和枯燥的代名词，后现代主义建筑风格发展起来。

以匹兹堡平板玻璃公司办公大楼（伯吉与约翰逊，44层，1984年）为代表，部分高层建筑采用现代的材料结合战前的古典折衷主义手法的风格。

约翰逊设计的纽约美国电话电报大厦（AT&T，36层，197m）采用了传统的基座、墙身、屋顶的三段式做法，是基于文脉研究的设计语言表达，顶部山花的圆形开口又颠覆了传统建筑形式，引发了褒贬不一的长期争论，成为后现代主义建筑的代表作，样板意义重大。

美国电话电报大厦照片。
图片来源：ttp://www1.cmhk.com/n6/n42/c22059/content.html
匹兹堡平板玻璃公司照片。
图片来源：http://tieba.baidu.com/p/2009784513

雕塑化造型突出了高层建筑成为城市图腾的标志性地位，符合现代审美观念和投资方对建筑展示意义最大化的要求。如芝加哥西尔斯大厦（SOM设计，443m，110层，1974年）利用束筒结构自身特点进行整体塑造。

贝聿铭设计的香港中银大厦（315m，70层，1990年）是技术与艺术结合的优秀设计典范。以正方形主体为基座，对角线成4组三角形，每组三角形的高度不同，使得各个立面在严谨的几何构图内变化多端，形成竹子"节节高升"的吉祥意象，象征着力量、生机、茁壮和锐意进取的精神。造型很好地结合了由八片平面支撑和五根型钢混凝土柱所组成的"大型立体支撑体系"混合结构，造价节省。中银大厦侧边的奔达大厦通过立面进退处理同样使建筑充满了雕塑感。

随着技术的发展和新材料的多样化，曲面、斜面甚至空间曲面的高层建筑也得到发展。

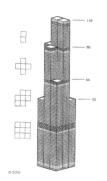
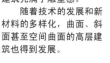

芝加哥西尔斯大厦形体组合示意图。
图片来源：http://f.digu.com/pin/t6ydskhq
香港中银大厦主体及裙房照片，小军摄于2008.12.

2.5 当代高层建筑的发展趋向

随着地缘经济实力和文化实力的增强，世界日益向多极化发展，现代高层建筑风格也向多元化发展，所谓"百花齐放，百家争鸣"。多元化的发展方向之中也可找出几种主要发展脉络，概括如下：

高技倾向，生态倾向，形体雕塑性倾向，经典现代主义倾向等；新古典主义、后现代、解构主义、地方主义等其他倾向也多有出现，共同组成了这个丰富多彩的设计世界。

图片来源：法兰克福银行剖面图及外形照片：http://www.jianshe99.com/new/201202/zh20120210112737263605434.shtml
梅纳拉umno大厦 http://www.chinajsb.cn/gb/content/2003-03/10/content_10997.htm

第三章　限定——从高层建筑与城市关系中寻找设计概念

香港维多利亚海港照片

图片来源：摘自《中环新海滨城市设计研究》，香港特别行政区规划署官网 .http://www.pland.gov.hk/pland_en/p_study/prog_s/UDS/chi_v1/uds_chi.htm.

3.1 高层建筑设计顺序与设计限定条件整理

高层建筑的设计使用年限较长，单位投资较大，故设计要求更高。高层建筑的设计顺序一般如下：

· 前期调研：对高层建筑建设地块所在的区域作全面调研，掌握该区域的城市规划、城市设计的控制框架的要点，明确建筑的性质、功能、风格、体量等基本要素。

· 前期方案：在前期调研的基础上，寻求多种合理限定因素，明确设计的主要矛盾，做多个前期方案，寻求建筑的社会效益和经济效益的最大化。

· 方案设计：在前期方案明确的前提下，明确建筑的布局、形体、功能，对建筑内外环境节点和重要室内节点亦有所明确，形成完整的总图。明确平面、立面、剖面等方面的设计方案，形成估算。

· 方案深化：根据多方因素，调整设计方案，这往往是一个艰苦的设计过程，各工种开始介入。

· 扩初设计：细化建筑方案，结构、给水排水、电气、暖通、经济、总图等各专业基本确定设计内容，形成概算。

· 施工图设计：各工种完成建筑施工设计并形成预算，最终形成建筑模型，继而进入施工图审查、报建、招标、建设等流程。

· 设计配合和调整：与各相关专项设计的配合。后期由于种种原因发生的调整和优化。

· 后续服务：高层建筑建设周期较长，设计后续服务在设计整体流程中占了越来越多的份额。

设计的过程，实则是一个寻找各种限定条件并合理解答限定条件的过程。

设计限定条件一般包括以下几类：

· 城市的要求：高层建筑的设计首先要尊重其所处的时间和空间，要从环境元素中寻找设计概念和设计思想。

· 建筑性质：明确建筑性质是设计的第一步。如果建筑性质单一，则设计方向较为明确；如果建筑性质多样可变，则设计难度较大，比如商住综合楼，可以综合小型商业、大中型商场、公寓住宅、单身公寓住宅、办公楼等多种功能，则需深入研究其不同性质的各个部分的复杂的相关关系。

· 建筑规模和造价：建筑的使用要求确定了建筑的投资，建筑的投资确定了建筑的规模。规模和造价的控制是高层建筑设计的重要内容，不仅要考虑当前的要求，更要以发展的眼光统筹未来的要求，使建筑发挥更大更长久的使用效率。

· 建筑的风格和体量：高层建筑风格和体量的确定是一个综合课题，有政策人文方面的因素，也有市场经济方面的因素。

· 建筑的功能：功能是设计之本，建筑要"坚固、美观"，更要"实用"。

· 建筑的环境：高层建筑设计应从环境研究入手，"建筑融于环境，建筑服务环境"。

· 其他因素：消防疏散、日照通风、建造方式、运行模式、服务对象、设备综合、区域交通、地质条件、人防要求等多种因素都是高层建筑设计的限定条件。

3.2 高层建筑与周围环境的辩证关系

高层建筑对土地使用的强度较大，对资源和单位投资的利用率较高，符合当前世界人多地少的现状，发展很快，纽约、上海、东京、曼谷、香港、迪拜等城市高楼林立，就是很好的例子。柯布西耶希望在同样的总量下通过变多层为高层，使城市环境得到更多更大的花园。但现实中，建设总量在增长，结果是高层越来越高，花园却反而减少了。

高层建筑的设计使用年限一般较长，建造投资较大，对环境的压迫也较大，其设计建造必须慎重考虑其与周围环境的辩证关系。

首先要将高层建筑作为社会资产，纳入社会资源统一新陈代谢的体系，重视高层建筑的建造成本与周期，使用寿命与效率，更新与循环利用。

其次要考虑高层建筑生态与节能，高层建筑密集之处往往是热岛效应和温室效应明显之地。高层建筑的设计、建造和使用都应注重生态和节能的问题。

再次要注重高层建筑的智能化和安全性，智能化系统包括信息化、网络化、自动控制和管理、防灾报警、消防避雷、楼宇安保等多方面的问题，复杂但有效。同时要注重高层建筑的人性化和灵活性，设计以人为本，注重舒适性和使用灵活性，满足无障碍设计要求，功能综合，适应性强。

一个使用高效、生态、节能、人性的高层建筑，往往能与其周边环境，包括社会环境和自然环境取得较为和谐的关系。

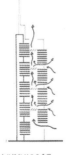

法兰克福银行剖面示意图。
图片来源：
http://www.jianshe99.com/new/201202/
zh20120210112732636605434.shtml

3.3 高层建筑与城市规划及城市设计

高层建筑因其体量及对土地的使用强度较大，决定其对环境的影响较之低层、多层要大得多。高层往往成为一个城市区域的中心，高层建筑设计不仅仅是一个单体的设计，更是城市规划、城市设计范畴的设计。

城市规划立足于城市人文、经济的发展，确定城市性质与规模、城市的总体布局、城市各功能用地布局，进一步细化区域、区块、地块的控制性详规和修建性详规，是城市空间发展的动态纲要和科学依据。而城市设计在城市规划提供的指导和框架下，为城市规划创造空间和形象，对某个城市空间区域地块、地带定位、定量、定形、定调。城市设计和控制修规等在研究领域有一定的交叉。

高层建筑设计应严格控制在城市规划指导下的城市设计制定的框架内，其性质、高度、体量、风格、颜色、朝向、交通流线、公共配套都应有慎重的考虑，因地制宜地顺应城市规划和城市设计的要求。杭州西湖区域的高层建筑和钱塘江两岸的高层建筑的控制框架就有明显的区别。

2007年杭州西湖全景。图片来源：http://act3.news.qq.com/4902/work/show-id-738.html

3.4 "城市的胜利"——高层建筑发展的关联协同

3.4.1 城市的胜利

伴随近现代社会生产力的高速发展，城市发展扩张迅速；我们在享受城市文明成果的同时也要面对越来越多的"城市病"，比如贫民窟和社会分化、人情淡薄与犯罪率高、热岛效应和环境破坏、交通拥堵、社会资源配置不公等。一些"环保人士"认为回归乡村生活才是表达"人与自然"和谐共处的唯一途径。然而事实果真如此吗？爱德华·格雷瑟在《城市的胜利》一书中明确提出了这样的观点：与乡村生活相比，城市生活对环境更有利——所谓"城市的胜利"！

爱德华·格雷瑟认为，好的环境关注需要全球性的视角与行动，而非狭隘地注意自己居住的地区，不由分说地把开发商赶出自己的视线。我们必须了解，如果我们阻止新建设，让自己居住的地区保有更多的自然风貌，那么整个自然界反而会遭受更大的破坏，因为我们只是将新的开发计划移到更远的地方执行，造成的结果反而对环境更不利。（参考书籍：爱德华·格雷瑟Edward Glaeser，黄煜文译，城市的胜利，台湾：时报文化出版企业，2012.02：P40）

高层建筑属于制高空间，构成城市的整体认知图景与城市视觉环境的主要元素。由于其体量和活动集中度较高，有利于城市空间环境形成清晰的结构和良好的视觉秩序。高层建筑制高空间扮演着举足轻重的角色：既是城市景点也是观景点。

美国心理学家J.R.安德森在《认知心理学》著作中，通过对以往众多研究的总结和分析提出，人们对一个地区认知地图的形成是从路线地图到总览地图的过程。总览地图的形成标志着人们对城市环境整体把握的成功。城市制高空间在促进人们从路线地图到总览地图的快速转变过程中起着关键性作用。制高空间可在较大范围内为人们识别方向和空间定位提供依据，从而迅速形成城市或某一地区的总览地图。

复合化的高层建筑是城市发展到高级阶段、适应不断发展变化的社会需求的产物，是满足人类不断增长的精神与物质需求的必然产物；同时高层建筑复合化也是保持自身体系活力与稳定的要求。只有功能的多样性和综合性，才能发挥其作为城市区域核心的作用。

高层建筑的集聚带来了经济与社会价值，流动则是这一过程顺利实施的关键。顺畅的流动一方面体现在制高空间与外部区域的流动，表现为从外部到达与离开的过程，通过合理的垂直交通体系来实现；另一方面体现在内部的多向性运动。

随着城市人口的高密度发展和生活方式的变化，人与人的聚会在时间和空间上都得到扩展。作为城市空间的重要组成部分，高层建筑具有广泛的公共性，是社会生活的主要实现空间。（参考书籍：戴志中等，城市制高空间——特殊城市空间关系，南京：东南大学出版社，2003.09.）

香港是典型的高密度城市，2002年的人口密度为6280人/km²，城市核心观塘区更是达到50390人/km²。根据2001年的人口普查，香港城市化人口接近100%。但是，在科学的城市运行管理下，香港陆地面积的67.4%是林地、灌木林和草地，被政府划为保护区的郊野公园和生态特殊地带占全港土地的38%，而住宅用地仅占6.1%。大量的城市开敞空间、高强度的土地利用、住宅发展密度控制、公共交通体系完善构成"城市胜利"的香港经验。

香港全景鸟瞰图。图片来源：http://www.nipic.com/show/1/38/5788078ka036bbcf.html

3.4.2 高层建筑与城市的关联互动

· 高层建筑与城市的关系从割裂走向整合和共生

早期的高层建筑只是多层建筑层数和功能的扩展，与城市是相互独立的两个部分，这一时期的高层建筑与城市之间的关系是"分离与割裂"的。

高层建筑所容纳的密集人流和交通流给城市带来了巨大的压力，在城市空间形态等诸多方面引发大量问题。针对日益加剧的城市环境问题，纽约于1916年率先实行了区划法。它是针对高层建筑与城市之间的矛盾冲突所作出的一种调适手段，不仅在客观上为高层建筑后来的发展提供了正确的引导，同时也从法律上首次正视了高层建筑与城市相互制约关系的存在。区划法按照街道宽度实施了一种控制建筑高度与体量的管理规则。它将建筑的高度与所在街道的宽度联系起来，并对建筑从街道边退让时可以伸向天空的层数进行了专门的限定；其中建筑体量的控制，是通过建筑用地内的建筑面积与基地面积的比值（即容积率）来确定的。

1932年1月，从帝国大厦远眺克莱斯勒大厦和皇后大桥。图片来源：http://himg2.huanqiu.com/attachment/100802/zip1280732118/1280732118_17.jpg

纽约天际线的变化。图片来源: http://www.199.com/EditPicture_photoView.action?pictureId=661608&src=

大多数的高层建筑都是以获得土地的最大利益作为发展的根本前提，城市被迫变得拥挤而狭小，最终逐渐退化成为一种消极的、仅为"通过性"的空间。而当这种情况越来越严重、城市中心出现衰退迹象之后，在高层建筑设计思想上也开始出现了一种对这种漠视城市的设计误区的反思。洛克菲勒中心以极高的成就和深远的影响成为高层建筑与城市的关系发展走向成熟的标志，标志着高层建筑与城市关系的发展到了一个新的高度，并成为高层建筑发展的指导性范本。高层建筑设计首先要尊重城市整体空间景观成为一种公众意识。

· 高层建筑在城市中的发展动因
一、社会因素

中国的城市化发展方兴未艾，中国的城市居民人口到 2025 年将增长到 9.26 亿，建设高层建筑是中国大城市发展的必由之路，尤其对于相对紧凑的超级城市群来说，高层建筑更是节省土地缩短交通的必然选择。

二、经济因素

现代商务高层建筑逐渐发展成为一种新型经济形态的载体，即"楼宇经济"。"楼宇经济"的能动效应可以归纳为以下四点：

1）财富效应：一幢高楼就是一个磁场，巨大的物质、能量、信息的流动、聚集、碰撞、组合形成显著的高利润空间。

2）集聚效应：楼宇经济的发展一般集中在城市的中心商务区，该区域内商业高层建筑大量聚集，招商引资，各类公司汇集，广泛开展商务活动，资本、技术、信息、知识、人才、企业家等多个要素聚合，形成了资本集中、人才集中、知识与信息集中、资源共享的集聚优势。

3）空间效应：城市规模日益扩展，土地资源越来越稀缺，可谓"寸土寸金"。如何使有限的土地资源发挥最大的功能效益，楼宇经济无疑释放出了巨大的能量。

4）辐射效应：楼宇经济所释放出的巨大能量不仅仅"照亮"了一幢幢高楼，而且也辐射到了周边地区，拉动了相关产业的发展。

梦露大厦照片。
图片来源: http://news.zhulong.com/read161336.htm

三、技术因素

高层建筑设计理念发生蜕变，一方面，受后现代设计思潮的影响，城市历史和文脉得到空前的重视；另一方面，面对日新月异的科学技术，建筑师开始从热衷于表现高技术建筑形式转而注重建筑本身的技术含量，运用新技术完善高层建筑功能，体现对城市历史文脉的尊重，关注城市环境及人们的心理需求。

四、文化因素

除社会、经济与技术因素外，文化是高层建筑发展又一个强大的驱动力。在文化因素的作用下，高层建筑从产生之日起就利用各个时代最大胆、最先进的建造理念建构起人们对于财富和欲望的追求。

· 高层建筑与城市的关联特征

1）聚集性：高层建筑将工作和生活设施适当集中，一般性的工作和生活问题在建筑内部即可解决。这样不但缩短了交通联系路线，减少了交通流量，降低了对城市道路的压力，而且极大地方便了人们的工作和生活，显著地提高了工作和生活效率。

2）城市性：建筑的城市性指的是其对于外在的城市公共空间的特征与品质产生影响的能力和性质。其强弱因素包括高层建筑的功能、高度、形式与风格的特异性、所承载的意义和城市环境影响因素。

3）矛盾性：高层建筑以其鹤立鸡群的高度强烈地影响与控制着城市，然而其功能方面的城市性强度却很难与其高度方面的城市性相匹配，这一性质可以说是高层建筑所特有的。

梦露大厦仰视照片。
图片来源: http://news.zhulong.com/read161336.htm

3.4.3　高层建筑与城市的协同理论

协同学（Synergetics）源于希腊文，意为"协调合作之学"，由德国物理学家赫尔曼·哈肯（Hermann Haken）于 1970 年提出，在其 1981 年的著作《协同学：大自然的奥妙》中有完整的表述。高层建筑与城市的协同关系是指两者的整体统一、有机和谐。（参考文献：梅洪元，梁静《高层建筑与城市》，北京：中国建筑工业出版社，2009.06，P56）

· 策动——高层建筑与城市内涵的激励机制

高层建筑对城市产生策动力作用在两大方面，即城市的经济社会方面以及城市的精神文化方面。

· 同构——高层建筑与城市形象的共生机制

对于高层建筑在城市系统中的作用来说，高层建筑的巨大形体对城市所产生的影响是不可忽视的。因城市对高层建筑的选址、布局、形式等方面的要求，高层建筑必须与城市总体规划相协调。

衍生阅读: 梅洪元，梁静《高层建筑与城市》，
北京: 中国建筑工业出版社，2009.06

· 3.4.4　高层建筑与城市内涵的策动

策动一：对城市物质实体的调谐

　　高层建筑成为城市发展的策动力，仿佛"触媒（Catalyst）"置入城市生命体系，激发城市的生长进化。

· 优化城市功能

　　1）分担城市功能

　　城市本质要求功能多元，作为城市综合体的高层建筑，就像一个微型城市，其内部附加了城市交通功能、城市公共开放空间功能等一系列原本属于城市的功能。高层建筑要想成为城市的有机组成部分，就必须与外部城市有多方面的交融，成为城市的一个连续部分，否则就会产生"堡垒效应"而与城市割裂。

　　2）提高城市的运转效率

　　提高城市的运转效率，是每座城市在自身形态发展中重点考虑的目标之一。高层建筑通过对城市土地的紧凑利用达到了提高城市效率的目的。紧凑的城市可以将更多的人带入城市中来，利于维护城市活力和效率。

· 契合城市布局

　　高层建筑布局的影响因素众多，高层建筑与城市环境协会在《Planning and Environmental Criteria for Tal Building》中总结了影响高层建筑决策的 12 个主要因素：人口密度和土地资源分布，经济状况，社会和文化因素，象征意义和影响力，能源消耗，当地资源和材料的使用，安全性，审美的考虑，灵活性，城市环境和气候的影响，交通情况，发展的控制需要。

　　中南大学罗曦在硕士论文《城市高层建筑布局规划理论与方法研究》中通过德尔斐法调查，将影响高层建筑布局的因素归纳为四大类：功能性因素、景观性因素、经济性因素以及生态环境因素。

案例：城市生长触媒——浙商财富中心

　　吴越设计的浙商财富中心位于杭州古墩路南端，处于城中村莲花街道的核心区块。随着该项目的建成，周边城市面貌发生很大的改变，银行、健身房、咖啡厅等多种"都市业态"的进驻改变了该区域多年的城郊接合部的空间氛围，附近多年无法开业的商铺都得以投入使用。

　　项目由 4 组黑白色调的建筑形体单元高低错落组合而成，建筑形体的退让、镶嵌、挑空处理，形成了丰富的凹凸变化，向周围环境灵活开放。在时尚前卫的姿态中，有了音乐律动的美感，构成了地标性建筑的独特气场。

浙商财富中心街景照片。陈小军 摄于 2014.04　　　　*浙商财富中心夜景、日景鸟瞰。图片来源：www.cingov.com.cn*

　　建筑最大限度地向城市开放，形成多个不同层级的广场、内庭和中庭，颠覆传统办公空间的封闭隔绝的状态，以自由切割、阳光流畅的人性空间，开创全新的办公方式。近 4000m² 的中央湿地，6 大空中花园，多层通高的大堂构成项目共享系统。建筑与城市空间融合共生，极大地提升了区域城市空间环境品质。

浙商财富中心街景照片。陈小军 摄于 2014.04　　*浙商财富中心示意中庭、内院鸟瞰、街景透视。*
　　　　　　　　　　　　　　　　　　　　图片来源：www.cingov.com.cna

策动二：对城市社会功能的促进

· 带动经济增长

　　1）楼宇经济效应

　　高层建筑通过楼宇经济的作用，推动城市经济发展，并通过高层建筑群聚而达到规模效应，比如一线城市的 CBD 区域。

　　2）产业结构的优化

　　要大力发展第三产业，就必须大力发展CBD，CBD 是第三产业的聚集地。而 CBD的高地价决定了它必须以高层建筑为主要建筑类型。因此，可以说高层建筑对城市产业结构的调整与优化起到了很大的辅助作用。

　　3）增强城市竞争力

　　因为高层建筑拥有巨大艺术价值和无穷魅力，对于世界各国而言，它是先进科技水平和综合国力的突出反映。突出的例子是双子大厦的建设，使吉隆坡一跃成为世界著名旅游目的地之一。

· 解决社会问题

　　高层建筑的建设强力推动城市更新，通过高层建筑带来的城市形象改善和城市功能完善，消除区域的混乱与落后。

西尔斯大厦、台北 101 大厦、吉隆城双子塔和帝国大厦立面图。
图片来源：http://news.zhulong.com/read/detail25963.html

策动三：对城市精神文化的提升

文化作为人类社会发展过程中积淀下来的知识和思想意识，影响着人类的一切行为。对于高层建筑而言，它是城市中最富标志性的建筑，因此，它不可避免地要受文化、意识观念的左右和激励。高层建筑是一种富有时代性的建筑类型，其文化策略也应是不断变换和动态的。

· 建构交往的认知中心

1）强识别性：高层建筑的形象及空间场所都有较强的识别性，成为城市记忆的重要组成部分。

2）广认同感：认同感是形成场所精神的基础和前提，高层建筑空间承载着丰富的文化内涵和信息内容。

3）信息的聚集地：高层建筑是人们活动的集聚点，必然成为信息的集散中心，包括有形的无形的。

4）交流活动的核心。

· 升华精神的文化旗舰

高层建筑对一座城市的环境格调起着至关重要的支配作用，在影响城市景观的复杂因素中，高层建筑空间又是塑造城市形象的关键。作为城市标志物的高层建筑往往成为城市的代名词。高层建筑作为城市经济和文化的集中反映，是建构城市和城市形象的重要元素，高耸而富有个性的高层建筑是城市中一道美丽的风景，决定着城市的美学内涵和精神。

· 3.4.5　高层建筑与城市形象的同构

同构一：对城市形象的标志表征

高层建筑作为城市发展的产物，其表现形式与城市环境密不可分。高层建筑因其引人瞩目的体量与标志性特点，往往成为人们感知城市环境风貌、体验城市特色的重要途径。

· 颠覆垂直型的传统模式

1. 从垂直组织结构走向异形组织结构。传统的高层垂直组织结构由于技术的进步，拓展为各种异形结构，包括空间环形、门式、环形、弧形等。

2. 从三段式的分割走向抽象的整体。传统的基座、主体加头部的三段式的分割发展成为抽象的整体，建筑的雕塑感形体整体性更强。

· 崇尚超现实主义的美感

1. 多元化的审美倾向：资讯发达的现代社会容纳了更多元化的审美倾向，高层建筑审美也在分化与整合，古典、现代、后现代、高技、生态等多种设计思潮并存，高层建筑的观念和形态进一步解放。

2. 突破"盒子高层"的束缚

1）旋转的韵律：对标准层的叠加方式的改变，表现为采用旋转标准层平面的设计手法。

2）残缺的美感：多元化的审美倾向拓宽了当代审美的视野，完整与统一不再是当代美学法则的唯一标准，残缺与破碎也能够产生出一种独特的美感。

3）解构的形体：解构是一种手段而非目的，通过对建筑形体的扭曲、错位、肢解、拼贴等解构的手段打破传统美学观念与现代主义建筑设计手法的束缚。

· 追求纯简的几何形式

1. 平面的简单削切形成立面的丰富形态。

1）局部自由削切：对高层建筑标准层平面的某一局部进行削切，使其外部形态在某一局部产生转折、倾斜的变化。

2）平行对角线削切：在削切高层建筑几何形标准层平面的过程中，削切线与几何形平面的对角线平行。

3）平行中心线削切：在削切高层建筑几何形标准层的过程中，削切线与几何形平面的中心线平行。

4）等分削切：在削切高层建筑几何形标准层的过程中，通过合理选择削切线的位置和方向，使每次削切掉的部分大小相等、形状相同。

2. 简洁的永恒力量：简洁和几何由于其形体的纯粹，使建筑具有意境之美。

同构二：对城市形象的技术表现

· 展示扭转的张力

1. 理性的结构扭转：理性、清晰的力学逻辑是高层建筑结构技术艺术化表现的基础；动感与张力使高层建筑自身的整体形态具有某种运动感。组成高层建筑整体形态的各个局部之间具有某种动态的内在联系，动感来源于人的积极参与以及心理感受。

2. 从表现支撑骨架走向表现整体结构。突破对结构逻辑的理性表达，在新技术的支撑下，表达高层的整体空间结构和形态。

· 构筑玻璃与光的舞台

1. 轻盈感与透明性的追求。

2. 材料表现力的浸染：强调对建筑表皮的处理，获得光影的变幻，色彩的渲染，虚实的交织。

· 拓展生态机制的成长

1. 多维度的空间场：建筑空间也有"场"的效应，包括地域维度、生态维度和情感维度，高层建筑的设计建设要综合应对地域、人文、自然、生态等多种要素。

2. 由表及里的形式演绎：面对生态环境的多样层次，建筑应采用多种形式理性应对。

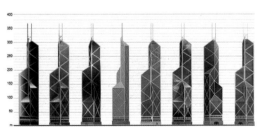

香港中银大厦立面图

太湖喜来幅夜景。
图片来源：http://www.szgt.com/projectshow.aspx?MenuID=020
9&ID=170

2002 年，雷姆·库哈斯 (Rem Koolhass) 和他的 OMA 事务所赢得了中国 CCTV 新大楼的设计任务，从此拉开了关于这个建筑的漫长争论。2013 年 11 月 7 日世界高层建筑学会"2013 年度高层建筑奖"评选在美国芝加哥揭晓，CCTV 新大楼获得最高奖——全球最佳高层建筑奖。建筑完全颠覆了高层建筑的传统形象，主楼的两座塔楼双向内倾斜 6°，在 163m 以上由"L"形悬臂结构连为一体，建筑外表面的玻璃幕墙由强烈的不规则几何图案组成，造型独特、结构新颖。《建筑与都市：CCTV 专辑》——这本由日本著名建筑杂志《A+U》授权宁波出版社 2005 年 9 月同步出版的图书，对项目及中标者库哈斯方案的结构、造型、设计图纸等作了全方位的介绍。"CCTV 对于 OMA 来说，是在社会主义背景下去探索和实现建筑为公众利益服务的一种尝试。诚如库哈斯所说的那样，社会主义体制下，建筑被当作提升生活境界和意义的有效手段具有两面性，可能振奋人心，也可能走向另一面。围绕着 CCTV 大楼引发的巨大争议，库哈斯似乎早有预感。面对清华大学讨论会上不同类型的反对者，库哈斯坚持认为工程技术上的尝试非常重要，因为它拓宽了视野并为其他事物创造了可能性，同时认为建筑实践方面的试验也能确保这种探索的成功。"但昂贵的造价和强烈的设计思想个人标签仍是其不可避免的争论点。

CCTV 新大楼的相关书籍封面及设计概念图。图片来源：http://blog.sina.com.cn/s/blog_6310641e0100tz5e.html

同构三：对城市形象的历史表达
·彰显时代精神
高层建筑是时代发展的产物，将建筑纳入文脉环境中去定义其形式、评判其价值，并关注文脉的共时性和历时性，使建筑获得环境和人们的认同。同时正视新技术新时代对高层建筑的新要求，不破不立，在技术创新中获得文脉传承，包括结构的形式创新、表皮构造的发展等。
·融合民族精神
建筑尺度与环境尺度呼应契合，融入或重塑城市轮廓。在街区尺度下高层形体化整为零，在近人尺度下追求建筑细部的精雕细琢。利用"批判的地方主义"思想和手法，追求建筑设计的传统形式的抽象化、传统意蕴的象征化和空间环境的场所化。

台北 101 大厦夜景。
图片来源：http://www.taiwan.cn/taiwan/tw_SocialNews/
201009/t20100920_1535812.htm

·重塑城市记忆
建筑是构成文化的重要组成部分，文化性是建筑的基本属性之一。高层建筑的高密度、复合化发展决定了其自身的功能组织与城市生活紧密相连，因此高层建筑往往在城市环境中成为城市文化的重要载体，成为一个城市一定时期的文化缩影，对于城市整体文化的传递、转译、延续具有重要的作用，进而成为城市文化的一种印记，是当代城市记忆的重要储存器。因此高层建筑设计要整合现有的环境片段，发掘人们的情感认同。纽约新世贸中心大厦的设计建设就是一个城市记忆的重塑过程。

纽约新世贸中心大厦方案夜景效果图。图片来源：http://www.evolife.cn/html/2011/61556.html

案例：纽约新世贸中心
2001 年 9 月 11 日，110 层的纽约世贸中心倒塌数小时后，纽约市长宣布将重新建塔；2002 年 7 月重建方案向世界征集；2003 年 12 月 19 日里伯斯金的"自由塔"设计方案面世；2004 年 7 月 4 日"自由塔"举行奠基仪式；2005 年 6 月官员及反恐专家提出修改意见；2005 年 6 月 29 日"自由塔"新设计模型出炉。

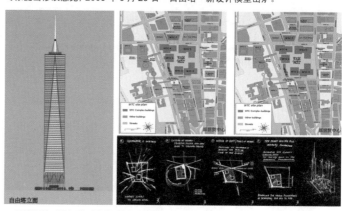

自由塔立面

纽约新世贸中心大厦立面图、总图及构思草图。图片来源：http://http://down6.zhulong.com

2002年7月16日，新世贸中心的6个备选方案亮相，却被美国民众认为过于平庸。而里伯斯金的中选方案是在原址上构建5栋高楼，由南至北，逐幢升高，螺旋环立，最高的一栋高1776英尺（约541m），象征着美国通过《独立宣言》的1776年。设计把遗址的主要空间留白，成为城市集体记忆的空间载体。

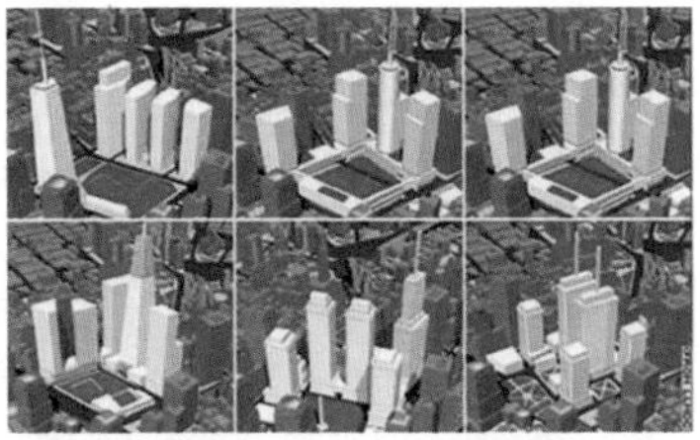

纽约新世贸中心大厦设计过程模型及下层广场设计模型。
图片来源：http:// http://down6.zhulong.com/tech/detailprof69991YL.htm

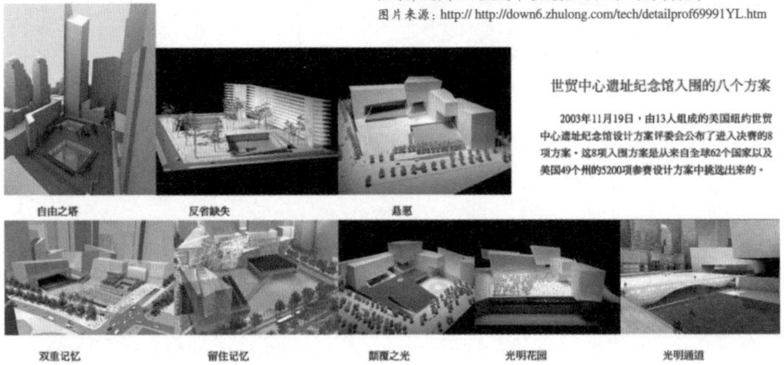
世贸中心遗址纪念馆入围的八个方案
2003年11月19日，由13人组成的美国纽约世贸中心遗址纪念馆设计方案评委会公布了进入决赛的8项方案。这8项入围方案是从来自全球62个国家以及美国49个州的5200项参赛设计方案中挑选出来的。
自由之塔
反省缺失
悬思
双重记忆
留住记忆
颠覆之光
光明花园
光明通道

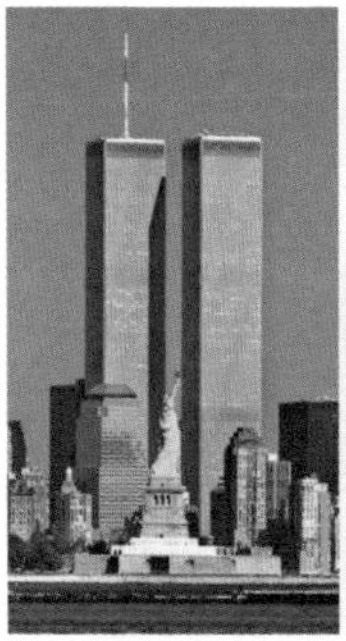

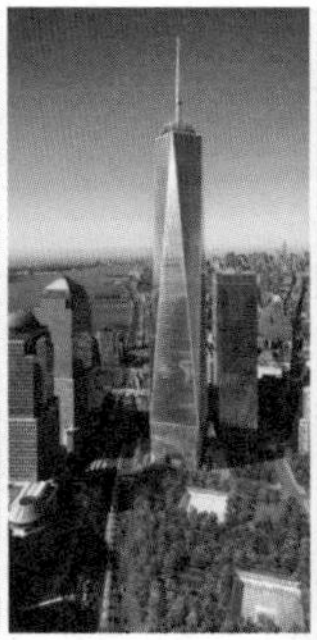

原世贸中心是双塔组合，新世贸中心规划为四幢高层建筑群组；其主楼“自由大厦”主体建筑有70层，加上大厦屋顶上84.1m的发射塔，整个建筑将达到541.3m，由SOM设计。

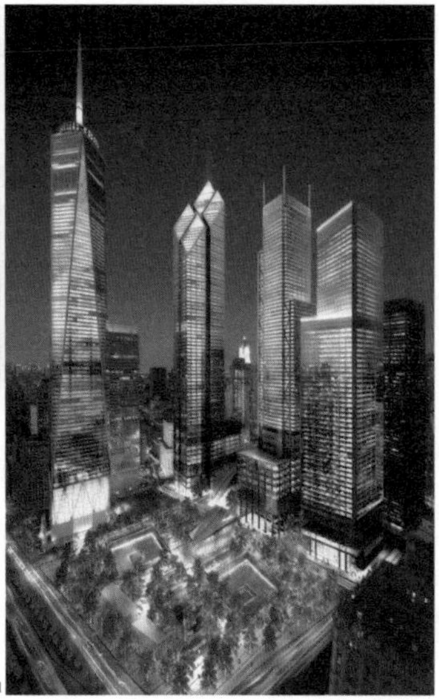

纽约世贸中心大厦照片，纽约新世贸中心鸟瞰效果图。
图片来源：http://www.tpqq.com/quanqiutupian/20130511/3764_6.html

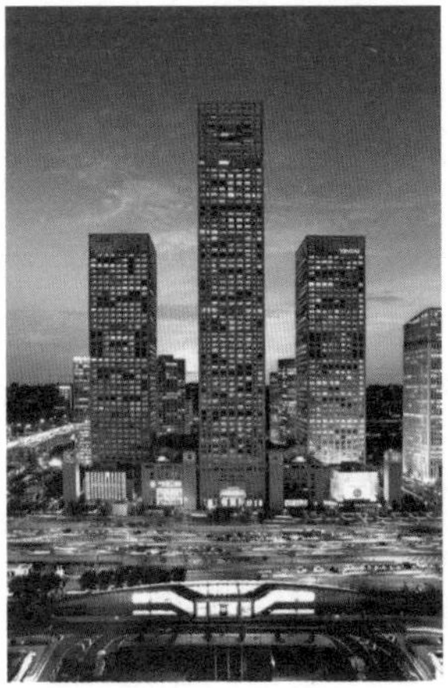

北京银泰中心夜景。
该组群以极其简洁方正的几何体，凝重地漂浮在水池中央，纯净清晰地矗立于长安街的东延长线上。以照耀中国的灯笼作为形象主题，成为北京中央商务区的核心地带地标建筑之一。建筑物使用石材与玻璃组合成单元式幕墙，方正的分格，淡黄色的石材，光滑与粗质的肌理，在大气环境的映托下，于简洁纯净中蕴含丰富的变化，以含蓄的姿态体现优雅的品质。顶层的巨大灯笼和玻璃塔，以其夜间明亮的灯光和白天巨型的构架，试图唤起人们对传统东方情调的情感。
图片来源：http://www.cces.net.cn/guild/sites/tmxh/detail.asp?i=bzjlxm&id=36552

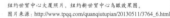

· 直面城市文化

多元与复杂：当代城市文化的多元与复杂首先来自于社会的多元化发展，社会的多元化发展离不开全球化这个大的时代背景。城市化进程的加快是全球化作用于城市的具体表现，反过来快速的城市化进程也在某种程度上加剧了城市文化的多元与复杂。

对话与隐喻：高层建筑不能脱离城市物质环境而独立存在，也无法回避城市文化的多元与复杂，城市环境同样需要高层建筑在其中发挥自身的作用，体现自身的城市价值。因而当高层建筑直面城市多元与复杂文化的时候，就更需要高层建筑建立与城市文化的对话机制。所谓对话，就是要求高层建筑以更加积极的姿态参与到与城市环境的深层整合之中，为城市生活注入新的活力，进而推动城市文化的向前发展。

3.5 “大城市的死与生”——高层建筑发展的反思

美国学者简·雅各布斯的著作《美国大城市的死与生》自1961年出版以来，即成为城市研究和城市规划领域的经典名作，对当时美国有关都市复兴和城市未来的争论产生了持久而深刻的影响。雅各布斯剖析了美国的“城市病”，认为城市病的根源在于城市发展忽视了城市运转的内在机制，以“制度”凌驾人的生活和城市人性化要求之上。“每一个按照价格被分离出来的人群生活在对周边城市日益增长的怀疑和对峙中”；“被规划者的魔法点中的人们，被随意推来搡去，被剥夺权利，甚至被迫迁离家园，仿佛是征服者底下的臣民”。（简·雅各布斯著．金衡山译，美国大城市的死与生．纪念版，南京：译林出版社，2006.08：P003）书中“导言”一节还讲到：“有一种东西比公开的丑陋和混乱还要恶劣，那就是戴着一副虚伪的面具，假装井然有序，其实质是视而不见或压抑正在挣扎中的并要求给予关注的真实的秩序”。

高层建筑紧跟城市的发展而发展，逐渐成为许多大都市的主角，也是许多“城市病”的主要“病灶”所在。

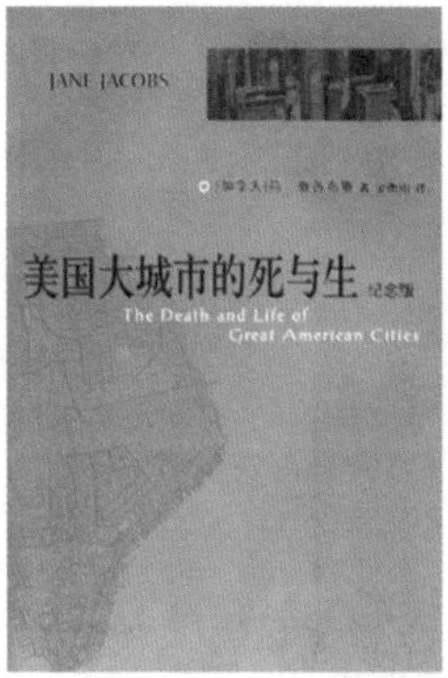
JANE JACOBS
美国大城市的死与生 纪念版
The Death and Life of Great American Cities

衍生阅读：
简·雅各布斯著．金衡山译，美国大城市的死与生．纪念版，南京：译林出版社，2006.08

作为现代化城市的象征，高层建筑始于美国，衰于欧洲，盛于亚洲。高层建筑体现了一个地区经济的繁荣与发展。高层建筑的建设适应了社会经济发展的需求，这也是为什么高层建筑在反对的声浪中仍然不断拔地而起的一个重要原因。

高层建筑的城市问题主要有：

1. 布局问题

高层建筑集中区域土地利用强度大、空间拥挤，使人宛若置身水泥森林；有的城市高层分布缺乏规划，布局混乱，甚至破坏历史街区和城市传统格局。

2. 屏风效应

高层密集排列形成城市"屏风"，影响区域日照、通风，造成局部物理环境和景观环境的双重危害。

3. 过度标志

高层建筑投资巨大，大部分投资方都希望自己的高层成为标志建筑，吸引眼球进而吸引财富。当一堆标志性建筑聚集时，便造成城市空间的混乱和无序。

4. 孤立图腾

高层建筑成为城市的"图腾"，成为城市现代化的标志，成为唯视觉化的现代图景，却逐渐远离了城市生活，也与城市整体能效体系脱节。

5. 特色危机

随着城市的不断长高，蕴含着丰富历史文化信息的老城区被高层占领。这些现代化摩天大楼缺乏特色、面貌雷同，使城市丧失个性、居民失去归属感和家园感。

我们必须建立大局观，对高层建筑的研究应以城市设计意义的整体环境为中心，把单体建筑视作大的城市环境的一部分。

研究城市系统与高层建筑之间的内在联系、相互作用机理，揭示其中的互动生长规律。从哲学层面考虑，这种重视事物内在关系的关注是对以现代科学和现代工业为指导思想的机械论世界观的摒弃，是从人类中心主义世界观转向生态世界观，不强调事物的主次和中心，而更重视事物的相互关系和相互作用。（梅洪元、梁静.《高层建筑与城市》.北京：中国建筑工业出版社，2009.06：P7）

MAD 马岩松的纽约世界贸易重建方案概念图。图片来源：http://www.i-mad.com/cnindex.aspx#works_details?wtid=4&id=51

· 案例：浮游之岛——纽约世界贸易中心重建计划（美国，纽约 2002）

纽约新世贸中心的设计希望建立起新的价值观，所有的出发点都基于一个概念——发展。这个"空缺"提供了一个让我们重新审视纽约的机会，并使我们能够提出一个更好地服务大都市生活的新的组织方式。这些线性的特征和严格的分割违背了现代商业关系以及现代都市生活规律，因此给予空间更高层次的复杂性以及表达现代的都市关系变得非常必要。新的世贸中心不再是一个办公的机器，而是一个有生命的混合体。根据对国际贸易商业模型的分析，我们相信越来越多的商业活动不再依赖实质的办公地点的位置和大小。所以我们的策略不再是依赖于大量的办公面积，而是设置有限的空间容纳与数字技术有关的内容，比如数字工作站、多媒体商业中心、独立飞行器停泊站、全球会议模拟室等，并同时使之与其他的城市生活，像剧场、餐厅、公园、旅馆、图书馆、观光、展览、体育健身，甚至人工湖等等相混合，以水平关系设置，并整个抬到曼哈顿城市中心之上，改变金融区的封闭、孤立状态，而将纽约的公共活动空间、沿河地区联结起来，与金融区心脏融合，引进都市生活及其活力。这个计划以其新的城市组织原则表达出我们对现代主义所提倡的"机器美学"和"垂直城市"等传统立场的质疑。

——摘录于 MAD 官方主页

（http://www.i-mad.com/cnindex.aspx#works_details?wtid=4&id=51）

MAD 马岩松的纽约世贸重建方案概念图。
图片来源：http://www.i-mad.com/cnindex.

第四章 回溯——从城市规划与设计层面定位设计切入点

4.1 从单体高层建筑设计回溯到城市设计空间分析方法

高层建筑由于其投资、体量、土地利用强度、社会活动聚集度等因素，是城市空间和城市生活的重要元素，高层建筑的设计要从单体设计回溯到城市设计层面、城市规划层面，甚至要回溯到城市文化的层面。

美国著名历史学家、建筑与城市学家芒福德说，"未来城市的职责是充分发展地区的文化和个人的多样性和个性"，又称"城市是人类文明的保管者和积攒者"，城市是文化的结晶和发展的必然，文化是城市的灵魂，是文明的标志。吴良镛教授认为城市文化可分解为物质层面、行为层面、制度层面以及精神和心态层面，这些层面整体呈现、交互作用，反映了城市文化的复杂性。应对这种复杂性，吴良镛教授主张建筑学、地景学和城市规划学的"三位一体"，他认为"建筑学的任务就是综合社会的、经济的、技术的因素，为人的发展创造三维形式和合适的空间"，从而走向广义建筑学。

（参考文献：吴良镛，《中国建筑与城市文化》，北京：昆仑出版社，2009.01：P218.P318.）

北京夜景鸟瞰，图片来源：绿城东方张晓摄，2014.05

英国政府建筑和人居环境委员会 CABE（Commission for Architecture and the Built Environment）定义城市设计为场所所创造的艺术："它包含场所运行，社区安全和视觉感受等因素，考虑人和场所，运动和城市形态，自然环境和城市肌理的关系；也应该包括保证村落、集镇、和城市成功的程序"。加拿大规划师协会引用城市设计杂志（Journal of Urban Design）的观点指出：城市设计是第二梯度（second-order）的设计。城市设计师很少设计人居环境本身，而是设计其他设计师的决策环境。城市设计的工作对象包括城市实体空间形态规划和场所创造，注重过程的设计，在过程中整合城市设计元素，包括凯文·林奇（Kevin Lynch）的城市意象五要素，Christopher Alexander 的行为空间元素，Hamid Shirvani 的城市设计元素等。

（参考文献：王荣锐，《当代欧美城市设计发展概述》，建筑技术及设计，2004.01：P46-49。）

关注高层建筑与城市的关系，要改变把高层建筑设计仅作为一个单体设计的看法，在注重功能和美学的基础上，研究公众心理和行为，注重场所的创造，这也是城市设计的关注要点。

维多利亚海港照片，图片来源：摘自《中环新海滨城市设计研究》，香港特别行政区规划署官网，http://www.pland.gov.hk/pland_en/p_study/prog_s/UDS/chi_v1/uds_chi.htm.

4.1.1 从城市层面寻找建筑设计的限定

建筑就产生于功能与空间要求的室内与室外交接之处——文丘里。

从格式塔心理学观点看，人对城市形体环境的体验认知具有一种整体的"完形"效应，如林奇的意象理论。特定的地域文化共同体的生活方式和传统惯例，会给居民心目中留下持久而深刻的印记，这个共同体就是社区（Community）。在这个环境中，使用者能获得良好的认同感和安全感。这也是一个好的建筑设计要达到的目标。建筑处于由街道和交通体系作为主要元素组成的城市"整体环境"中，建筑设计要尊重城市空间形态的整体性。新建高层建筑要尊重空间的连续性和区域建筑界面的协调。

巴黎新城老城不同城市形态——巴黎德方斯新城照片及巴黎老城鸟瞰照片，
陈小军摄于 2000.03 及 2010.08.

4.1.2 空间——形体分析方法
·视觉秩序分析

视觉秩序（Visual Order）是一种历史悠久、通常为接受过美学教育的规划师和建筑师所青睐的方法，强调空间的透视效果，追求城市空间的中央轴线、超人尺度和宏伟空间，被认为是政治意识与城市物质空间表达的中介。诸多大都市都存在着"权力空间"表达，比如华盛顿、北京、巴黎、巴西利亚等。1889 年奥地利建筑师卡米诺·西特发表《城市建设艺术》一书，通过总结欧洲中世纪城市的街道和广场设计，归纳出一系列城市建设的艺术原则，他强调城市设计和规划师可以直接驾驭和创造城市环境中的公建、广场与街道之间的视觉关系，而这种关系是"民主的"、相辅相成的。他同时十分强调尊重自然，认为城市设计是地形、方位和人的活动的结合。

（参考文献：王建国，《城市设计》第二版，南京：东南大学出版社，2004.08：P198.）

迪拜塔周边区域照片，Heart Of Dubai by Cesar Castillo，图片来源：http://weibo.com/p/1005051580329092/album?from=page_100505&mod=TAB#place

案例：杭州奥体博览双塔设计方案

奥体中心七星拱月建筑群和钱塘江对岸的日月建筑互相辉映，构成宏伟的都市景观。浙江杭州奥体双塔位于奥体中心的核心位置，是七星拱月建筑群的焦点，成为钱江新城核心空间的隔江对景点。H型建筑形体对应杭州汉语拼音"Hangzhou"的第一个字母。

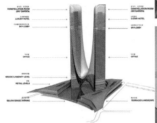

杭州奥体博览双塔方案设计图片。
图片来源：美国SOM建筑设计事务所"杭州奥体博览双塔"项目初步规划及项目设计文本成果，2010.11.29。

西湖的拱桥、江南园林的圆拱门、龙井茶田等都成为建筑造型的构思来源，也强化了建筑的地域认同感和场所标志性。塔顶设星光厅，成为城市观景制高点。

杭州奥体博览双塔方案二、方案三鸟瞰图及透视图。
图片来源：杭州奥体博览城官方主页 http://www.hzoiec.com/xwsd/236.htm

· 图形——背景分析

任何城市的形体环境都有类似格式塔心理学中"图形与背景"（Figure and Ground）的关系，建筑是图形，空间则是背景，或者反之。"这种方法是想通过增加、减少或变更格局的形体几何学来驾驭空间的种种联系。其目的旨在建立一种不同尺寸大小的、单独封闭而又彼此有序相关的空间等级层次，并在城市或某一地段范围内澄清城市空间结构"。（参考文献：王建国，《城市设计》第二版，南京：东南大学出版社，2004.08：P199）

诺利罗马地图局部和罗伯纳·F·瓦格纳设计的纽约上东部居住区总图局部。
图片来源：[美]罗杰·特兰西克·著。朱子瑜 张播 鹿勤 陈燕秋 曹娜婷 赵瑾 译 朱子瑜 鹿勤校，《寻找失落的空间——城市设计的理论》。北京：中国建筑工业出版社 2008年4月

1748年詹巴蒂斯塔·诺利（Giambattista Nolli）所绘的罗马地图说明了传统城市的图底关系，表现为一个具有清晰界定的建筑实体与空间虚体的系统，建筑实体所覆盖的范围比室外空间更加密集，从而衬托出公共开敞空间的形态——水平向的建筑实体界定了虚体空间。但现代建筑打破了这种水平向的密集城市空间形式，垂直伸展的高层建筑实体在超人尺度中要素个性独立，城市图形、界面弱化。如何在与传统城市图底关系协调的基础上获得进化是现代高层建筑设计建设的一个难题。柯布西耶1922年发表的《明日的城市》和1933年发表的《阳光城》提出"城市集中主义"，强调几何的"完美秩序"，但失去了城市的传统人性化尺度。

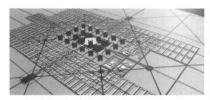

柯布西耶巴黎伏瓦生规划，模型，1925年。
图片来源：Serge Salat 著，《城市与形态》，北京：中国建筑工业出版社，2012.09：P95。

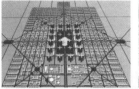

柯布西耶在其《三百万人口的现代城市》中提出了一个抽象、规范、且几何形状的城市发源，图片来源：Serge Salat 著，《城市与形态》，北京：中国建筑工业出版社，2012.09：P196。

衍生阅读：
Serge Salat 著，《城市与形态》，北京：中国建筑工业出版社，2012.09

4.1.3 场所—文脉分析方法

现代城市设计关注人的各种活动及对城市空间环境提出的种种要求，场所—文脉分析理论研究城市空间与人、文化、历史、社会和自然等外部条件的交互关系，主张城市设计与现存条件之间的匹配，并将社会文化价值、生态价值和人们驾驭城市环境的体验与物质空间分析中的视觉艺术、耦合性和实空比例等原则等量齐观。（参考文献：王建国，《城市设计》第二版，南京：东南大学出版社，2004.08：P205）

空间与社会文化、历史事件、人的活动及地域特定条件等元素关联并获得文脉意义后成为"场所"。那种超出物质性质、边缘或限定周界的对体空间的情感就是"场所感"（Sense of Place），场所感是一种基于生活体验和记忆的对特定空间的基于"方向感"和"认同感"的精神认同，继而获得"存在感"和"安全感"，这种特定空间可称为"人性空间"。诺·舒尔茨认为，"建筑师的任务就是创造有意味的场所，帮助人民栖居"。（参考书籍：[挪] 诺伯舒兹著；施植明译，《场所精神：迈向建筑现象学》，武汉：华中科技大学出版社，2010.07）

场所—文脉分析方法包括：

1. 场所结构分析
2. 城市活力分析
3. 认知意向分析
4. 文化生态分析

衍生阅读：
王建国，《城市设计》，第二版，南京：东南大学出版社，2004.08
[挪] 诺伯舒兹著；施植明译，《场所精神：迈向建筑现象学》，武汉：华中科技大学出版社，2010.07

·场所结构分析

城市始于作为交流场所的公共开放空间和街道，人际交流是城市的本原。

——路易斯·康

场所结构分析是一种以现代社会生活和人为根本出发点，注重并寻求人与环境有机共存的深层结构的城市设计理论。这种理论明确了单凭创造美的环境并不能直接带来一个改善了的社会（有感于"政绩工程"的正面负面效应）；主张城市设计的文化多元性；认为城市是生成的，而不是造成的——主张城市设计是一个连续动态的渐进决定过程，而不是传统的、静态的激进改造过程（有感于我们城市更新中的"大拆大建"）；强调过去—现在—未来是一个时间连续系统，提倡设计者"为社会服务"，面对现实的职业使命感，在尊重人的精神沉淀和深层结构的相对稳定性的前提下，积极解决好城市环境中必然存在的时空梯度问题。（参考文献：王建国，《城市设计》第二版，南京：东南大学出版社，2004.08：P206）

著名设计学术团体"小组10"（Team X）的核心主张就是场所结构分析，主张透过"以要素为中心"的世界和表层结构来探究"以关系为中心"的世界和深层结构。其成员凡·艾克认为场所感由场所和场合构成，在人的意向中，空间是场所，而时间就是场合，人必须融合到时间和空间意义中去。

Otterlo Meeting 1959 (also CIAM '59), organized by Team 10, 43 participants. Meeting place: Kröller-Müller Museum, located in the Hoge Veluwe National Park. Dissolution of the organization CIAM. 图片来源：http://en.wikipedia.org/wiki/Team_10

场所结构理论认为设计必须以人的行动方式为基础，城市形态必须从生活本身结构发展而来。"小组10"关心人与自然的关系，遵循"人＋自然＋人与自然的观念"的设计公式，主张建立起住宅—街道—地区—城市的纵向场所层次结构，以替代原有雅典宪章的横向功能结构。

"小组10"承认现代城市不可能完全利用历史建筑，城市的高密度和高层化乃是不可避免的趋势，但为了恢复和重建地域场所感，他们设想了具有"空中街道"的多层城市。史密森夫妇的"金巷"（Golden Lane）设计竞赛方案运用了这一理念。而后史密森夫妇又提出了"簇集城市"（Cluster City）的理想城市形态。

罗西在《城市建筑学》一书中认为，"城市精神"存在于其历史中，一旦这种精神被赋予形式，它就成为场所的标志记号，记忆成为其结构的引导，记忆代替了历史；由此，城市在集体记忆的心理学构造中被理解，而这种构造是事件发生的舞台，并为未来发生的变化提供了框架。

朱渊著，《现世的乌托邦——"十次小组"城市建筑理论》，南京：东南大学出版社，2012.09
阿尔多·罗西著，黄士钧译，《城市建筑学》，北京：中国建筑工业出版社，2006.09
[美] 罗杰·特兰西克著；朱子瑜 张播 鹿勤 陈燕秋 曹曦婷 赵瑾译 朱子瑜 鹿勤校，《寻找失落的空间——城市设计的理论》，北京：中国建筑工业出版社，2008年4月。

·城市活力分析

简·雅各布斯在1961年出版的《美国大城市的死与生》一书中剖析了1960年以前西方国家出现的"城市病"，她认为柯布西耶和霍华德是现代城市规划设计的两大罪人，他们都主张以建筑为本体的城市设计。她认为城市多元化是城市生命力、活泼和安全之源，城市最基本的特征是人的活动。街道承载了城市最主要的人的公共活动，是城市最具活力的"器官"，街道宏观上是线，微观上是面，是城市主要"视觉发生器"。

现代城市设计理论将城市视作一个整体，忽略了许多细节，忽视了人的活动和交往的要求。因此，现代城市的更新改造的首要任务是恢复街道和街区的"多样性"活力。她强调街道要混合不同土地性质并考虑不同时间、不同使用要求的共用；街道宜短并多拐弯抹角；街区应容纳相当比例的老房子；追求一定的人流密度。

健康安全的街道，需要有自发的"街道眼"，属于街道的天然居住者；在公共私人空间划分明确的基础上，不同时段总有开着的店铺和往来的行人；街道尺度宜人，线形亲切；街区建筑保持一定的密度和集中度；合理安排城市的汽车交通带来的空间尺度；重视规划的过程控制和公众参与。如此种种，都是为了城市空间的人性化。

简·雅各布斯肖像。图片来源：http://image.so.com

·认知意象分析

这是一种借助于认知心理学和格式塔心理学方法的城市分析理论，其分析结果直接建立在居民对城市空间形态和认知图式综合的基础上。

凯文·林奇的代表著作《城市意象》的研究成果使认知地图及意象概念运用于城市空间形态的分析和设计，认识到城市空间结构不只是凭客观物质形象和标准，而且要凭人的主观感受来判断。凯文·林奇总结了城市意象五要素：道路、边界、区域、节点和标志物。这种强调公众意象评价的分析方法也为居民参与设计提供了独特途径。

由于人的感受体验范围、表述能力、文化背景和职业、年龄、性别等差异，认知意象分析较适用于小城市或大城市的局部区域的空间结构研究。

·文化生态分析

1977年，拉波波特发表《城市形态的人文方面》一书，讨论了城市分析的文化生态理论，研究人与环境的交互关系。人的社会性决定人建造的城市具有一定的规律性，这个规律性来自文化、心理、礼仪、宗教信仰和生活方式等。城市设计要关注物质环境变化与其他人文领域之间的变化的关联。

拉波波特的研究表明，无规划的、有机的、无序的城镇形态，实际上根植于一套有别于正统规划和设计理论的规则体系。以自身所熟悉的城市规则体系去理解另一种规划体系，很容易导致误解或产生一种文化沙文主义的误读。

城市设计行使的是"空间、时间、含义和交往的组织"功能；设计要关注要素之间的隐形关系，而不是要素本身；空间组织的意义和规则及相应的行为才是本质。

拉波波特文化生态理论示意图，图片来源：王建国，《城市设计》第二版，南京：东南大学出版社，2004.08: P212

4.1.4 生态分析方法

·麦克哈格《设计结合自然》和生态规划设计

麦克哈格强调人类对自然的责任，他把研究的重点放在"结合"上面，包含人类的合作和生物的伙伴关系，认为生态系统承受人类活动有一定限度，人类应与自然合作，某些生态系统对人类活动敏感，因而会影响整个生态系统的安危。麦克哈格把自然价值带到城市设计中，专门设计了一套指标去衡量自然环境因素的价值及其与城市发展的相关性，即"价值组合图"（Composit Mapping）。麦克哈格的生态设计手法包括自然规划过程、生态因子调查、生态因子的分析综合和规划结果表达。

·城市自然过程的分析

哈夫（Michael Hough）1984年发表《城市形态及其自然过程》（City Form and Natural Progress），从自然进程的角度论述了现代城市设计实践中的失误和今后应遵循的原则，强调用生态的视角去重新发掘我们日常生活场所的内在品质和特性，认为人类物质建设和社会发展目标事实上或潜在地与自然进程相关。城市的环境观是城市设计的一项基本要素。

衍生阅读：

·（美）麦克哈格著，黄经纬译，《设计结合自然》，天津：天津大学出版社，2006.10.

·（加）迈克尔·哈夫著，刘海龙等译，《城市与自然过程——迈向可持续性的基础（原著第二版）》，北京：中国建筑工业出版社，2012.01.

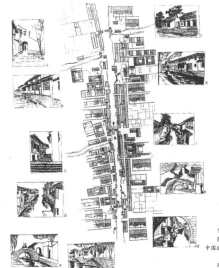

戈登·库伦《简明城市景观》书中的插图。图片来源：Serge Salat 著，《城市与形态》，北京：中国建筑工业出版社，2012.09: P4392.

周庄沿河美景和局部视角。图片来源：Serge Salat 著，《城市与形态》，北京：中国建筑工业出版社，2012.09: P437.

· 西蒙兹和"大地景观"

西蒙兹（John Ormsbee Simonds）1978 年发表《大地景观——环境规划指南》（Earthscape:a Manual of Environmental Planning），全面阐述了生态要素分析方法、环境保护、生活环境质量提高，乃至于生态美学的内涵，从而把景观研究推向了"研究人类生存空间与视觉总体"的高度。

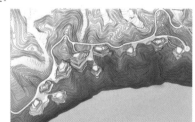

衍生阅读：
（美）约翰·奥姆斯比·西蒙兹（John ormsbee Simonds）著，程里尧 译，《大地景观——环境规划指南（景观设计丛书）》，北京：水利水电出版社，2008.04

马岩松安徽太平湖公寓项目总图与湖上透视图。图片来源：http://www.l99.com/EditText_view.action?textId=595788&client=

案例：马岩松和山水城市理论及作品

马岩松在 2013 年 6 月在北京吾号推出"山水城市"作品展，推介其山水城市理论。吴良镛在 1987 年发起的当代中国城市规划研究重新引入了"人居科学"的理论，著名科学家钱学森在 20 世纪 80 年代就提出了"山水城市"的概念并给吴良镛写了一封信，提议构建山水城市的概念并将它与山水诗歌、中国传统园林和山水画相融合。

马岩松认为未来城市的发展将从对物质文明的追求转向对自然文明的追求，这是人类在经历了以牺牲自然环境为代价的工业文明之后的回归。自然和人将在山水城市之中重建情感上的和谐关系。后工业文明最大特点是人类重新认识自然，回到自然这个阶段，回到人与自然的关系上来。生态问题不仅是技术问题，更是文化问题。马岩松在新京报的一次访谈中提出："现代人处在现代城市中，怎么表现今天人的情感，可能就是一个感触、一个感觉，这是我'山水城市'的出发点"。

中国山水画与城市森林模型。图片来源：http://www.l99.com/EditText_view.action?textId=595788&client=

山水城市是中国历史上独特的空间规划概念之一，在城市可持续发展方面有重大意义。它将城市建设与自然环境相结合，而所谓的自然环境就包括"山"和"水"。建筑—景观—城市的紧密结合是中国传统城市设计理论的核心和主要方法论。

城市森林模型。图片来源：http://www.l99.com/

城市森林模型。图片来源：http://www.l99.com/

马岩松山水城市设计作品。图片来源：http://www.cndesign.com/detail_14235.html

马岩松北京朝阳公园项目鸟瞰图。文字及图片来源：http://zhan.renren.com/roushishuangzixing?gid=3674946092080909766&checked=true

2013 年纽约当地时间 9 月 5 日下午六时，由马岩松设计的一座有着高山流水之势的东方绿色建筑在纽约时代广场举行项目开启仪式。这座位于北京朝阳公园大湖之畔的城市综合体，延续着马岩松一直在追寻的"山水城市"之路，是中国古老的自然哲学思想在当代城市中的演绎，在极端现代主义建筑泛滥的中央商务区，马岩松希望通过"朝阳公园项目"将一种生机勃勃的山水文化注入新的城市实践。

马岩松北京朝阳公园项目鸟瞰图。
图片来源：http://www.sankaijian.com/2014/project_0508/306.html

马岩松北京朝阳公园项目透视图。
图片来源：http://www.sankaijian.com/2014/project_0508/

通过造山治水的设计，让建筑与公园的景观融为一体，成为自然向城市的延伸；同时又把公园的自然元素引入建筑群内部，创造城市中的世外桃源。设计的开端就是主动地把地块理解为公园的一部分：借湖光山色，以高层写字楼为峰，独栋写字楼为坡，高端办公区为脊，住宅为峦；结合古典山水的湖、泉、林、溪、谷、石、峰等丹青要素为一体，勾勒出一幅富有未来色彩的城市山水画卷。

主楼宛如国画中的圆润块石拼合，瀑布峡谷串联建筑群与公园空间。项目获得美国绿色建筑协会 LEED 金奖认证。整个建筑充分利用自然光，采用领先的空气净化装置和智能楼宇控制。"自然"的概念贯穿设计始终。设计将山水人文、将诗意带入都市。

马岩松北京朝阳公园项目鸟瞰图。
图片来源：http://www.sankaijian.com/2014/project_0508/306.html

4.1.5 相关线—域面分析方法和城市空间分析技艺

东南大学王建国结合城市的文化艺术及工程技术等元素的综合整体研究，提出相关线—域面分析方法，认为城市结构包括城市域面各种实存的、可辨认的"物质线"，人们对城市域面上物质形体的心理体验和感受形成虚观的"力线"，人的"行为线"以及各种层面的"控制线"。诸线的叠加和复合，可形成城市的各种网络，如道路网络、开敞空间体系及其分布结构、空间控制分区网络等，进而理解相关城市分析域面的特征和内涵，为下一步微观层次的空间分析奠定基础。

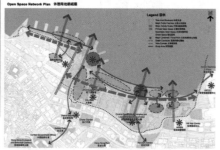

衍生阅读：
王建国，现代城市设计理论和方法（第三辑）——新世纪中国城乡规划与建筑设计丛书 城市规划与设计丛书，南京：东南大学出版社，2001.07

香港中环规划休憩用地网络图。
图片来源：摘自《中环新海滨城市设计研究》，香港特别行政区规划署官网 .http://www.pland.gov.hk/pland_en/p_study/prog_s/UDS/chi_v1/uds_chi.htm.

· 空间分析技艺

·**基地分析**：凯文·林奇在《基地规划》（Site Planning）一书中系统论述了基地分析的方法，涉及社会、文化、心理、自然、形体等广泛要素。

·**心智地图分析**：通过调研居民的城市心理感受和印象，分析翻译为设计图的形式。借鉴心理学和社会学的研究方法，使设计成果的客观度、可信度和有效度大大增加。

·**标志性节点空间影响分析**：通过调研分析居民对城市标志节点如高塔、高层等建筑物及其空间的主观感受，是"心智地图"技术部分的具体化，即城市整体空间分析转移到局部空间分析，进而寻找设计的限定，客观反映该地段与周围环境的视觉联系和场所意义。

·**序列景观分析**：城市空间和人的行为都是流动的，结合行走路线对空间特点和性质进行系列观察，重点分析空间艺术和构成方式。戈登·卡伦在 1961 年出版的《城镇景观》中指出城镇空间不是一种静态情景，要在运动中体验，这种空间意识的连续系统就是"序列视景"。

·**空间注记分析**：这是现代城市设计空间分析中最有效的途径，综合吸取了基地分析、序列景观、心理学、行为建筑学、空间句法等环境分析技术的优点，改善城市空间关系的观察研究效果。在体验城市空间时，把各种感受包括人的感受、建筑细部等用图画、照片、文字等记录下来，形成空间诸特点的系统表达。记录的成果通过抽象符号体系、打分体系、语义辨析法、CRIC 方法等多种方法进行分析，形成城市空间分析成果。CRIC 方法即文脉（Context）、路线（Route）、内外界面（Interface）和组合（Groupings）分析。

·**电脑分析技术**：借助电脑软件，进行虚拟现实，综合各种理论模型和分析方法，在充分理解城市空间要素的基础上获得优良的设计成果。

4.2 凯文·林奇的"城市意象五要素"

凯文·林奇（Kevin Lynch）的城市意象研究，开启了通过草图地图和访谈等方法，将心智深处对环境的记忆外化为可供描述的研究方法。
（参考文献：周瑄、鲁政，环境意象的空间句法解读，建筑学报，2014.03：001）

凯文·林奇在 1959 年出版的《城市意象》一书中将城市意象中物质形态研究的内容归纳为五种要素：道路、边界、区域、节点、标志物。
（参考书籍：凯文·林奇著，方益萍、何晓军译，《城市意象》，北京：华夏出版社，2011.05）在推敲高层建筑与城市的关系时，也可以此为研究切入点。

这种强调人对环境的感知的理论在挪威城市建筑学家诺伯·舒兹（Christian Norberg-Schulz）在 1979 年提出了"场所精神"（GENIUS LOCI）理论体系中得到发展。他在《场所精神：迈向建筑现象学》一书中主张：艺术作品的概念系生活情境的"具现"，艺术作品的目的则在于"保存"并传达意义；存在空间的观念可以分为二个互补的观点——"空间"和"特性"，配合基本的精神上的功能——"方向感"和"认同感"，所谓场所精神。
（参考书籍：（挪）诺伯·舒兹著：施植明译，《场所精神：迈向建筑现象学》，武汉：华中科技大学出版社，2010.07）

衍生阅读：
（美）凯文·林奇著，方益萍，何晓军译，城市意象，北京：华夏出版社，2011，05

4.2.1 要素 1：道路

道路是观察者习惯、偶然或者潜在的移动通道，它可能是机动车道、步行道、城市快速干道、铁路线，更有可能是上班上学路线、回家路线等与日常生活息息相关的行动路径。城市空间环境元素沿道路展开，形成人们的首要城市意象内容。人们的行动路径有一定的集成度，对应了路径的"可意象性"强弱度。（参考文献：周瑄、鲁政，环境意象的空间句法解读，建筑学报，2014.03：001）

高层建筑往往是路径上的强可意象性元素。传统城市空间中，代表皇权和神权的宫殿和教堂寺庙往往成为各种路径的对景或空间视觉中心；现代社会则以制高点轮番更替的高层建筑来争夺城市空间的控制权。

意大利佛罗伦萨街景，陈小军 摄于 2012.07。

案例：南京绿地中心·紫峰大厦建筑设计

　　南京绿地中心·紫峰大厦由 SOM 设计，由上海金茂大厦的设计师 Adrian Smith 先生担纲设计。该建筑既体现了南京悠久的历史与文化，又表达了在新的历史时期成为国际化超一流办公楼的强烈愿望。建筑造型取材于与南京有关的三个重要元素：蜿蜒流淌的扬子江、绿树成荫的花园城市以及鼓楼与南京的历史渊源。高层建筑的布局要考虑周边的街道关系，结合城市街道空间、脉络、秩序来设计建筑主体和裙房的体量、朝向、尺度，包括裙房灰空间设置。

http://news.zhulong.com/read84282.htm

案例：ODE 办公楼设计

　　BIG 事务所在 Odenplan Atrium 项目邀请竞赛设计中，以城市道路分析作为设计的切入点，建筑谦让街道，尊重原有城市空间联系，营造停留空间，并成为街道的一个活力点；在尊重历史建筑的前提下建构新颖的建筑形体，在传统街道尺度中寻找新的时代元素。对景、拐角、中间节点等成为设计要素。项目面积 43000m²，所在地瑞典斯德哥尔摩。

案例图片来源 http://flash.big.dk/

鸟瞰图

构思分析图

形体功能分区示意图
区位分析图

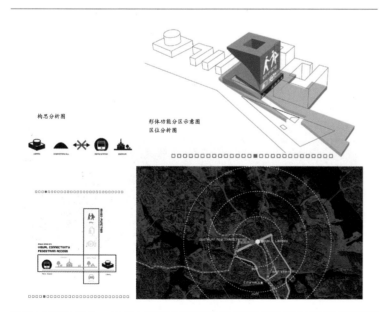

构思分析示意图

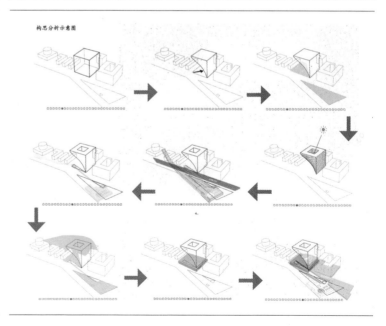

模型照片

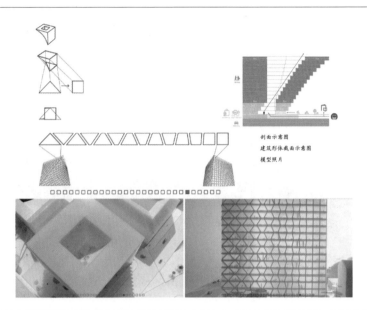

剖面示意图
建筑形体截面示意图
模型照片

模型街景照片

建筑街景效果图

建筑透视图

建筑透视图

建筑底层街景效果图

4.2.2 要素2：边界

边界是除道路以外的线形要素，通常是两个地区的边界，并互为参照。林奇认为，尽管边界的连续性和可见性十分关键，但强大的边界也并非无法穿越，许多边界是凝聚的缝合线，而不是隔离的屏障。

边界是一种共存于实体界面和线形空间之中的复合感知要素，其概念相对宽泛模糊，如道路可以是路径，也可以理解为边界。高速道路、高架道路往往成为明显的城市区域边界，城市干道也会成为不同区域的边界，商业区、居住区和风景区往往由道路来划分，滨海湾区是最典型的城市边界。

构成视区边界的可见性和意象性各有高低，在沿边界移动时，边界的典型要素会成为人们视区的聚焦点，成为场所意象的重点。

尖沙咀天际线

西部地区天际线

图片来源：维港优秀天际线案例示意图，摘自《海港及海旁地区规划研究》，香港特别行政区规划署官网。http://www.pland.gov.hk/pland_en/p_study/comp_s/harbour/main_c.htm.2003，4.

案例：Zac Seguin Office Building
　　　　ECDM Architectes

　　Zac Seguin 办公大楼完美地融合在复杂的城市肌理内部，集住宅、商业和绿色空间于一体。项目中呈现出一个坚定的水平元素，它形成一个框架，呼应了公园边界、塞纳河景等元素；这个框架的起伏与河流的弯曲相互呼应。

图片来源：http://www.archdaily.com/191075/zac-seguin-office-building-ecdm-architectes/

总平面图

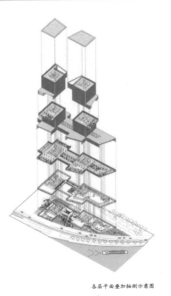

各层平面叠加轴测示意图

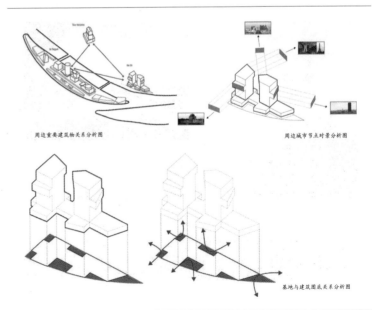

周边重要建筑物关系分析图

周边城市节点时景分析图

基地与建筑图底关系分析图

透视效果图

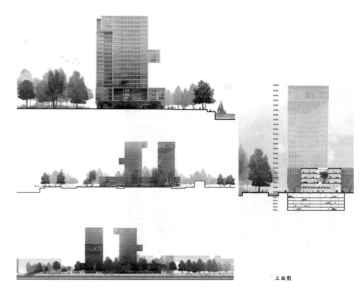

立面图

局部立面图

室内透视图

建筑表皮展开图

街景透视效果图

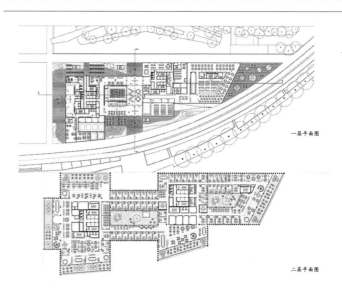

一层平面图

二层平面图

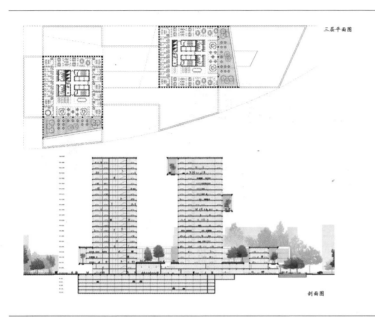

三层平面图

剖面图

案例：贝鲁特住宅

Accent Design Group

　　贝鲁特住宅与中心交通枢纽相连，位于两个城市区域的交界处。建筑堆砌的玻璃盒子从巨大的主体建筑体量中生出。悬浮阳台和露台的设计是从旧城的特性中得出的灵感，垂直的社区含有绝佳的视野。

　　位于开发区边界的这个项目模糊了不同城市结构之间的界限，是贝鲁特高层形式的一次创新。

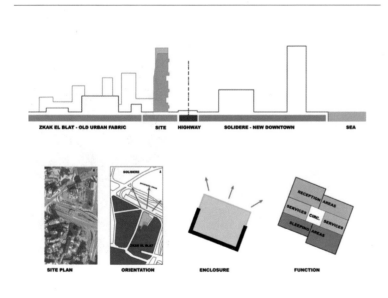

ZKAK EL BLAT - OLD URBAN FABRIC　　SITE　HIGHWAY　SOLIDERE - NEW DOWNTOWN　　SEA

SITE PLAN　　ORIENTATION　　ENCLOSURE　　FUNCTION

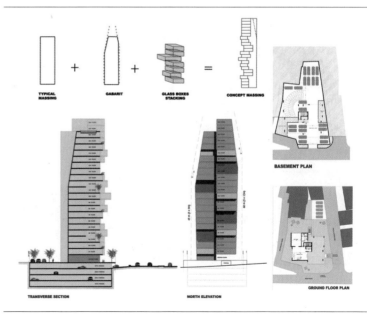

TYPICAL MASSING　+　GABARIT　+　GLASS BOXES STACKING　=　CONCEPT MASSING

BASEMENT PLAN

TRANSVERSE SECTION　　NORTH ELEVATION　　GROUND FLOOR PLAN

32

VIEW FROM SOLIDERE

VIEW FROM ACHRAFIEH

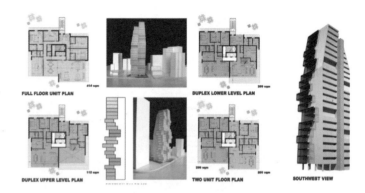

FULL FLOOR UNIT PLAN

DUPLEX LOWER LEVEL PLAN

DUPLEX UPPER LEVEL PLAN

TWO UNIT FLOOR PLAN

SOUTHWEST VIEW

4.2.3 要素 3：区域

　　区域是城市内中等以上的分区，是可以"进入"的二维平面，具有某些共同的能够被识别的特征，是城市意象的基本元素。决定区域的物质特征是其主题的连续性，它可能包含各种要素，比如空间、形式、功能、纹理、居民、地形、维护程度，某一个典型要素被强化和识别，则形成区域的主题单元。

　　区域有内向型的，比如我国各个城市中被"抢救"下来的历史街区，往往成为都市中的"孤岛"，成为一个类似展览品的城市意向片段。

　　区域有外向型的，比如城市中心区的 CBD，区域内高层商务办公建筑的密集建造和公共资源汇集形成城市空间和城市生活的核心区域，但 CBD 又具有强烈的辐射功能，其边界意象也是一个逐步衰减的过程，体现在建筑上就是体量、密度和功能关联度逐渐减弱。

图片来源：从深圳京基 100 大厦远眺香港俯瞰市容及高楼中的城市村。陈小军摄于 2012.08.

案例：洛克菲勒中心

　　1939 年一期建成的纽约洛克菲勒中心（Rockefeller Center）在曼哈顿岛中心区又形成了一个核心区域，占地 22 英亩，东西向从 48 街到 51 街占据三个街区，南北向从第 5 大道到第 7 大道占据三个街区。主要建筑风格统一为竖线条的 ART-DECO 风格，设计者为 Raymond M. Hood，由 19 栋商业大楼组成。在 1987 年被美国政府定为"国家历史地标"（National Historic Landmark），这是全世界最大的私人拥有的建筑群。

　　洛克菲勒中心号称是 20 世纪最伟大的都市计划之一，核心建筑奇异电器大楼高 259m，共 69 层，19 栋商业大楼底层相通，围合多个城市公共空间，海峡花园 Channel Garden、下层广场 Lower Plaza 等成为城市生活的地标空间，在多个电影场景中体现。中心的金色雕塑、"巨石之巅"、观景平台、世界上最大的圣诞树、无线电音乐厅等成为市民和游客的重要节日元素。

图片来源：洛克菲勒中心，陈小军摄于 2001.12.

　　错落有致的建筑形体、多类型的公共空间、复合化的办公商业功能，使洛克菲勒中心成为城市意象中的一个高识别度的活力区域。

纽约洛克菲勒中心。
图片来源:
Google Earth 导出, 2014 年 5 月。

4.2.4 要素 4: 节点

节点是观察者可以进入的战略性焦点, 往往是某个区域的中心和缩影。它是连接点或者聚集点, 是城市各种轴线的交点或汇集点, 小到街角、大到各种城市广场, 也是城市意象的认知、识别节点, 有时甚至成为意象构成的主导特征点。比如洛克菲勒中心的溜冰场和世界上最大的圣诞树成为圣诞纽约曼哈顿中城城市节日空间意向的特征点, 但洛克菲勒中心建筑群反而成为一种记忆背景。节点与道路的概念相互关联, 因为典型的连接就是指道路的汇聚和行程中的事件, 节点也与区域的概念相关, 节点往往成为区域的核心和焦点。

高层建筑常常成为城市空间节点的主角, 是区域空间的控制性要素。巴黎老城星型规划形态鲜明, 放射状的大街汇集于点式广场, 凯旋门成为最核心的城市节点。大连老城中山区也呈现类似规划形态。上海陆家嘴、杭州钱江新城市民中心、迪拜塔、纽约世贸中心等都成为城市的中心节点, 集中体现城市品位和格调。

图片来源: 大连中山区卫星照片, 百度地图导出, 2014 年 5 月。

巴黎凯旋门区域卫星照片。图片来源:; Google Earth 导出, 2014 年 5 月。
巴黎凯旋门。图片来源:陈小军摄于 2012.07。

案例: Ningbo Digital

宁波数字媒体楼业主为宁波日报, 由 Synarchitects 设计, 总建筑面积为 6 万多平方米。

设计师决定建造一个回应周围环境的独立建筑, 东北面和西南面的弧形表面紧邻密集的商业区。盒子形体通过做减法, 切割雕琢为顶部相连两座塔楼, 包含不同的功能。独特的形体和复合的功能, 使其成为城市区域空间的一个亮丽节点。

"表达新媒体不可阻挡的力量, 它想说即使是放在一个盒子里, 好的想法还是会找到出路蹦出来, 并闪耀自己无限的光芒, 这个大楼就像是一颗光滑的具有潜力的石头。"——某建筑评论网站评论。

图片来源: http://www.lvshedesign.com/archives/5418.html

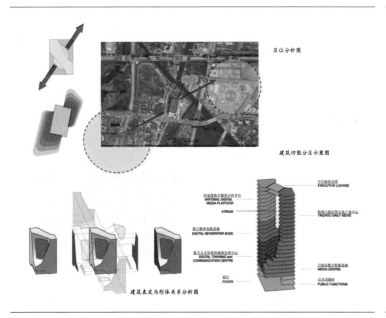

区位分析图

建筑功能分区示意图

国家级数字媒体合作平台
NATIONAL DIGITAL
MEDIA PLATFORM

数字媒体实践基地
DIGITAL NEWSPAPER BASE

数字人才培养培训和交流中心
DIGITAL TRAINING and
COMMUNICATION CENTRE

宁字最集办所
EXECUTIVE LOUNGE

中庭
ATRIUM

扬州日报社第文化产业中心
YANZHOU DAILY NEWS

宁波数字情报基地
MEDIA CENTRE

门厅
FOYER

公共功能区
PUBLIC FUNCTIONS

建筑表皮与形体关系分析图

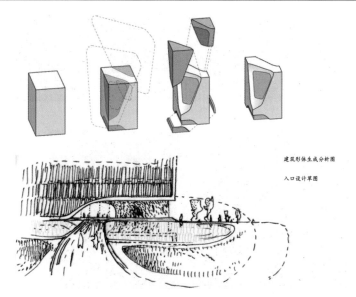

建筑形体生成分析图

入口设计草图

形体推敲示意图

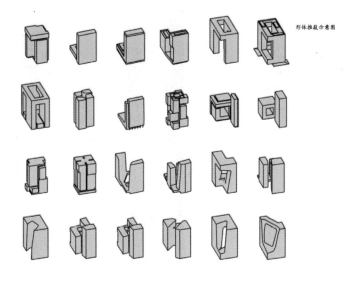

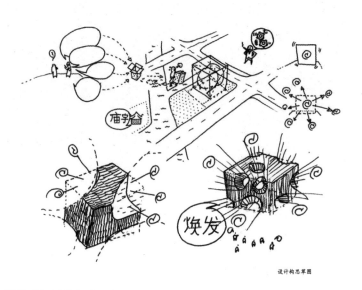

庙宇

焕发

设计构思草图

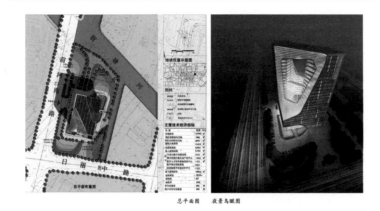

总平面图　　夜景鸟瞰图

鸟瞰图　　　　　建筑夜景透视图　　　　　日景鸟瞰图

中庭渲染效果图　　建筑模型局部照片

设计草图

设计草图

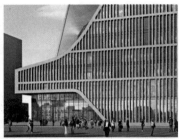
立面局部　模型照片

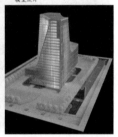

4.2.5　要素5：标志物

标志物是点状的外部观察参照物，通常是一个定义简单的有形物体，比如建筑、标志、店铺或山峦。标志物的尺度不同，其控制的空间区域亦不同。城市核心高层建筑物如佛罗伦萨主教堂或上海中心，成为整个城市的标志物；但大卫雕像和新天地分别是佛罗伦萨和上海城市局部区域的标志物。标志物可以是高层建筑，也可以是标牌、树木、雕塑小品等城市细节。

良好的标志物体系能使城市空间拥有较好的辨识度和个性，使观察者较易获得明确的方向感，从而得到情绪上的安全感，最终能形成人性化的城市空间。

佛罗伦萨鸟瞰。图片来源：陈小军摄于2000.03。

案例：REN

BIG（Bjarke Ingels Group）于2004年为上海2010年世博会设计了这个以汉字"人"为原型的高层建筑概念方案，25万 m²，功能包括宾馆、会议中心和运动场所。结合世博会对建筑新颖形态的要求，"人"型建筑在黄浦江边形成标志性建筑。

案例图片来源 http://flash.big.dk/

建筑效果图
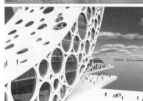

建筑江景透视图　模型照片

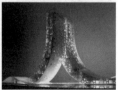
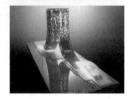

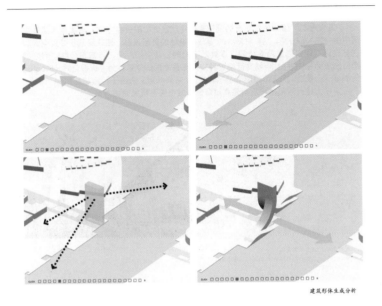

模型照片

建筑形体生成分析

4.2.6 五要素的整体性

现实中，五要素不会孤立存在，区域由节点组成，由边界限定范围，由标志物获得方向感，道路穿行其间，元素之间有规律地相互重叠穿插，共同组成人们的城市意向体系。

这种从主体到客体的研究路径，属于典型的环境主观评价方法，通过主体心理意向的图示化或言语化加以传达。（参考文献：周暄，鲁政，环境意向的空间向法解读，建筑学报，2014.03：006）理性梳理的理论体系和分析方法，是为了传达和研究，实际上的城市意向是一个整体体系，人的认知图景远比文章归纳的要素复杂。普遍的认识是，高层建筑对城市区域空间影响巨大，其土地利用强度、功能设定、建筑形体、色彩质感、公共空间营造等必须服从城市整体秩序要求，这个秩序不仅是技术上的，也是人文上的。

巴黎德方斯新新区照片。
图片来源：陈小军摄于2000.03。

4.3 桢文彦"集合形态"理论

1993年"普利兹克建筑奖"（Pritzker Architecture Prize）得主桢文彦学贯中西，他的作品运用精致的现代材料或是现代工法，来展现古朴风格或是文化色彩，被尊称为"精致的现代派"。桢文彦是日本"新陈代谢"运动的创始者之一，其理论核心是反对建筑学中带有明显西方特征的二元论，并正视城市和建筑中基于共生、混杂和有机生长的多元论。桢文彦提出了"群造型（Group-Form）"的概念。（参考文献：鲁安东，空间、视觉和都市：关于桢文彦《集合形态笔记》的笔记，建筑技术及设计，2004.01：50）桢文彦1961年进一步发展了"群造型"概念，并写作了《集合形态的三种类型》，提出"集合形态"理论；1994年在<Japan Architect >1994-4期上发表文章<Notes on Collective Form>——《集合形态笔记》进一步系统地阐述"集合形态"理论。

"集合形态"代表了建筑物和类建筑物的群组——城市的片段，这是一个建立在城市尺度上的建筑群组（及物理环境）的概念。桢文彦肯定了在都市、城镇、乡村中经常可以体验到的富有意义的集合性——比如村落富有生命力的自然生长肌理——并试图寻找合适的空间和视觉语言在城市中加以实现。桢文彦在<Notes on Collective Form>一文中指出"每个建筑物提供了对其他建筑观看的视角，集合形态是通过观看的相互交换而存在的"，所以集合形态是通过个人的空间体验来认知的。

生成集合形态的三种主要方法为：
通过构成生成的构成形态；
通过结构生成的巨构形态；
通过时间生成的群体形态。

后者是在有生命力的元素和群组关系相互作用的基础上通过一个不断反馈的动态过程形成。这种"有生命力的元素"指向人类多样化的活动模式和感知方式，所以"集合形态"可以理解为"结晶化了的人类活动模式"的视觉化。

Approaches to collective form: compositional form, megaform, group form, respectively

三种形成集合形态的手段：构成、巨构、组群。槇文彦：集合形式——三种范型（1960年）。
图片来源：http://www.douban.com/note/295019575/

"集合形态"理论使槇文彦的设计更关注建筑之间的公共空间，日本传统建筑空间中的"奥（oku）"、"庭（Niwa）"等成为设计的灵感来源，建筑服从于公共空间和视觉设计，建筑形象趋向模糊，多处以不同的公共空间之间、建筑与公共空间之间产生无限衍生的序列中，槇文彦把这种空间重叠衍生的效果称为"折叠空间（Pleated Space）"。最后，空间体验消解了建筑实体，空间的意义来源于行为和感知——"人"的元素成为设计的根本，这也是高层建筑与城市关系研究的切入点。

代官山街区总图和局部照片。
图片来源：摘自 http://www.douban.com/photos/photo/1407037079/#image。

4.4 从 CBD 到 CAZ——走向功能复合化和多元化

CBD（中央商务区 Central Business District）是城市空间的核心，是高层建筑的聚集区。

中央商务区的概念最早由美国城市社会学家伯吉斯（E.W.Burgess，1923）提出，他认为 CBD 一般是城市功能的核心，为高层次产业提供容纳空间，也是城市交通系统的枢纽。CBD 以金融服务业为主，交通便利，城市公共资源集中，比如上海陆家嘴、纽约曼哈顿华尔街、香港中环、东京新宿等。

北京 CBD 夜景鸟瞰图。
图片来源：http://life.21cn.com/zaojiao/shopping/a/2013/1128/17/25246223.shtml

衍生阅读·张庭伟，王兰，《从 CBD 到 CAZ：城市多元经济发展的空间需求与规划》，北京：中国建筑工业出版社，2011.04

传统的 CBD 区域如芝加哥拉塞尔大街区域办公集中，功能单一，下班后变成一座空城，城市逐渐空心化。随着经济发展，芝加哥经济从传统制造业向现代服务业发展，经济结构多元化，城市功能进一步国际化，重点发展第三产业，促进金融业和旅游会展业的发展，发展优势如食品加工、金属加工、印刷业等优质传统制造业，淘汰钢铁制造业，引进高科技产业，加强城市建设和社会治理，优化交通体系，改善政府服务质量。2002 年芝加哥规划局和 SOM 设计合作编制的"2020 年芝加哥中心区规划"中提出了"中央活动区 Central Activity Zone"（CAZ）的概念。（参考书籍：张庭伟、王兰，《从 CBD 到 CAZ：城市多元经济发展的空间需求与规划》，北京：中国建筑工业出版社，2011.04）

美国中部的金融中心——芝加哥拉塞尔大街及期货交易所，"豆子"雕塑，远景，图片来源：http://blog.sina.com.cn/s/blog_5384fb1d0100ne3j.html

CAZ区域土地注重混合使用，空间形态和产业构成多元化，拥有良好的公共交通体系，核心区域注重步行导向，建筑结合一系列空格空间有机布局，城市空间在高密度实用的前提下尺度人性，充满活力。

由于土地紧张，城市功能高度集中，香港CBD天生具有CAZ特质，经济多元化和现代服务业复合化在城市空间上得到充分投射。

维港规划的规划理想是："令维多利亚港成为富有吸引力、朝气蓬勃、交通畅达及象征香港的海港——港人之港，活力之港"。香港中环城市湾区的规划珍惜宝贵的海湾空间资源，建立可持续发展的空间利用体系，在核心区设立公共开放空间带，重视人文历史元素的挖掘利用，重视人的参与和停留，保持空间的人气和活力，同时在总体上做到有计划、分阶段、可持续合理发展。（参考文献：陈小军，王静，刘扰英，开放共享、活力人文，城市湾区空间建设控制要点探索——以香港维多利亚海湾空间规划研究为例，华中建筑，2013.01）

本页及以下二页图片来源：海滨长廊鸟瞰效果图及总平面图（中环），摘自中环新海滨城市设计研究，香港特别行政区规划署官网。
http://www.pland.gov.hk/pland_en/p_study/prog_s/UDS/chi_v1/uds_chi.htm.

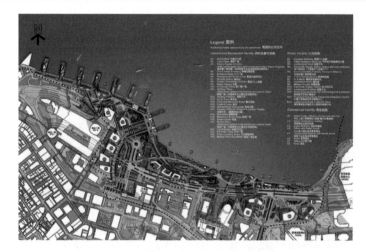

维港大部分原有公共空间包括海滨漫步长廊和区域休憩用地缺乏吸引力，城市花园景观和其他服务设施设置不足。2003年新规划在海边设置了多种富有吸引力的文化休闲设施，并规划举办多元化的活动，让市民和游客得到更多的体验。

CAZ空间的人气聚集需要整合各种旅游资源，挖掘地方文化元素，利用承载城市历史记忆的历史遗存，在国际化视野中寻找地方文化精髓。只有建立人与城市空间之间的情感联系，才能构建一个富有吸引力的整体、和谐的城市CAZ空间。

 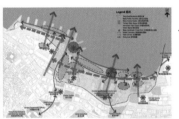

衍生阅读：
齐康，《城市环境规划设计与方法》，北京：中国建筑工业出版社，1997.06

吉隆坡双子塔照片，陈小军摄于2014.02

吉隆坡双子塔卫星照片，
图片来源：http://www.yssylt.com/dispbbs.asp?boardid=70&Id=72805&star=1

马来西亚吉隆坡双子塔区域是典型的CBD-CAZ区域，产业多元、功能复合，企业总部、金融大厦、宾馆、会展中心、大型商场、海洋世界、儿童乐园、高级公寓、清真寺、博物馆等汇集于此，大型城市公园成为步行区域连接各个功能部分。KLCC与巴比伦商场间还设立了一条近1km长的高架封闭人行天桥。

案例: CLC & MSFL Towers—— 设计: REX, 中国深圳。

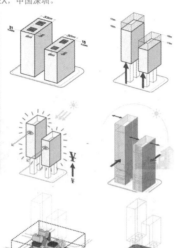

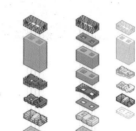

CLC & MSFL Towers 项目设计效果图及分析图。
图片来源: http://www.archdaily.com/185765/clc-msfl-towers-rex/rex-shenzhen-v1-finale-v4/

项目位于深圳城市核心区，用地紧张。REX 把商业功能和办公功能整合到两个塔楼中，最大限度扩展单位城市步行空间容量，激发城市的活力。

塔楼自下而上从公共过渡到私密。复合化的公共功能设置于塔楼下方，形成一个微型立体城市，上部的办公空间可以"足不出楼"即可得到城市配套支撑。

项目在充分分析区域环境因素的基础上，综合考虑阳光、间距、视距等要素，混凝土核心简体与钢构桁架结合，消除有柱空间，综合多种功能，创建空中微型城市。别具一格的设计使建筑在简洁的形体下依然充满未来感。

CLC & MSFL Towers 项目设计效果图及分析图。
图片来源: http://www.archdaily.com/185765/clc-msfl-towers-rex/rex-shenzhen-v1-finale-v4/

由规整周边布置的柱网和方形核心简组成的矩形形体塔楼容纳了多种功能，面积有限的无柱空间穿插布置多种平面形态，部分功能形态打破楼层的水平划分限制而跨层设置。

4.5 案例：国银·民生双塔竞赛方案

深圳国银·民生金融大厦整体透视图及入口透视图。
案例图片来源：筑博设计集团国银·民生金融大厦建筑设计方案国际竞赛设计文本成果，2011.09.16。

4.5.1 场地分析

项目分别属于国开银行和民生银行，位于深圳福田区 CBD 北区东片区，是该区域宝贵的"最后一块地"。塔楼地上建筑面积 10 万 m²，最大高度 150m。本项目位处片区腹地。这个特点一方面导致塔楼沿城市主干道的展示面狭小，形象不突出；另一方面又使得它对该区域公共空间品质和区域行为生活模式影响巨大。

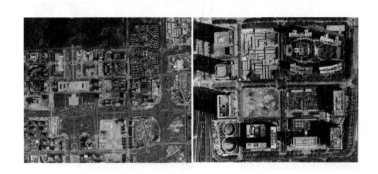

4.5.2 任务书解读

总用地面积　　红线退让　　广场限制　　支路设置

基地现状照片，陈小军摄于 2014.11

裙房限制要求　　　塔楼要求

塔楼面宽限制　　塔楼高度限制

3D城市地图基地位置示意图

任务书要求的建筑面积：
双塔分别属于国开银行和民生银行，其地上建筑面积为 6 万 m² 和 4 万 m²。每座塔楼均包含办公和商业两部分，地下室合建，共享使用。具体面积要求如下：

国开银行		民生银行	
名称	面积	名称	面积
办公	54730m²	顶层会所	1400m²
数据机房	1280m²	自用办公	21243m²
餐厅	1450m²	出租办公	13400m²
多功能厅	2770m²	餐厅	1480m²
商业	1410m²	商业	1447m²
营业厅	720m²	营业厅	2390m²
地下车库	12333m²	地下车库	9296m²
设备用房	1433m²	设备用房	955m²

4.5.3 设计生成

　　本项目位处片区腹地。这个特点导致塔楼沿城市主干道的展示面狭小，形象不突出。因此，本项目的重点不在于凸显标新立异的塔楼。

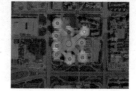

　　现状的公交站点、人流、车流和以办公为主的建筑群共同描绘了基地周边的生活情景。

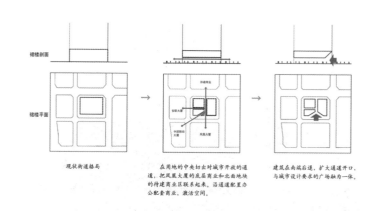

现状街道格局　　　　在用地的中央切出对城市开放的通道，把凤凰大厦的底层商业和北面地块的待建商业区联系起来。沿通道配置办公配套商业，激活空间。　　建筑在南端后退，扩大通道开口，与城市设计要求的广场融为一体。

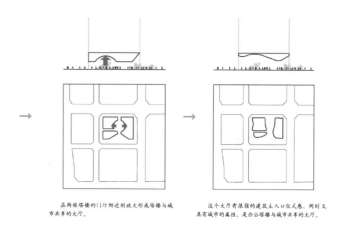

在两栋塔楼的门厅附近则放大形成塔楼与城市共享的大厅。　　　　这个大厅有限的建筑主入口仪式感，同则又具有城市的属性，是办公塔楼与城市共享的大厅。

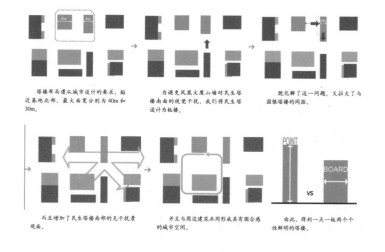

塔楼布局遵从城市设计的要求，贴近基地北部，最大面宽分别为40m和30m。　　为避免凤凰大厦山墙对民生塔楼南面的视觉干扰，我们将民生塔楼设计为板楼。　　既化解了这一问题，又拉大了与国银塔楼的间距。

　　而且增加了民生塔楼南部的无干扰景观面。　　并且与周边建筑共同形成有围合感的城市空间。　　由此，得到一点一板两个个性鲜明的塔楼。

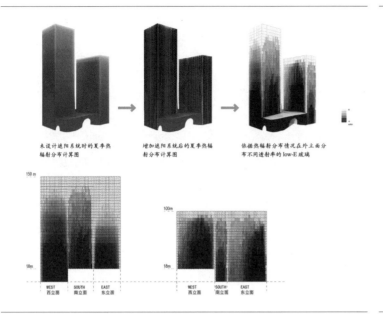

未设计遮阳系统时的夏季热辐射分布计算图

增加遮阳系统后的夏季热辐射分布计算图

依据热辐射分布情况在外立面分布不同透射率的 low-E 玻璃

4.5.4 建筑解读

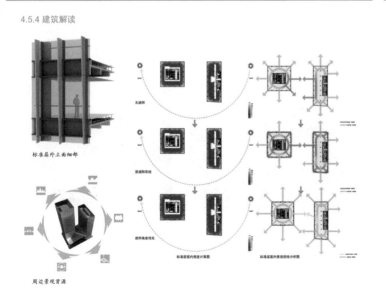

标准层外立面细部

周边景观资源

无遮阳

遮遮阳系统

遮阳角度优化

标准层室内照度计算图

标准层室内景观视线分析图

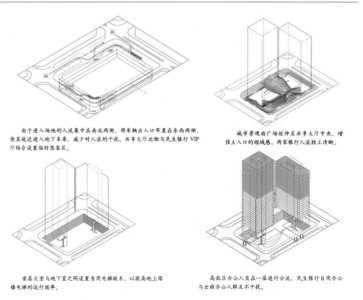

由于进入场地的人流集中在南北两侧，将车辆出入口布置在东西两侧，使其就近进入地下车库，减少对人流的干扰，共享大厅北侧与民生银行 VIP 厅结合设置临时落客区。

城市景观由广场延伸至共享大厅中央，增强主入口的领域感，两家银行人流独立清晰。

首层大堂与地下室之间设置专用电梯联系，以提高地上塔楼电梯的运行效率。

高低区办公人员在一层进行分流，民生银行自用办公与出租办公人群互不干扰。

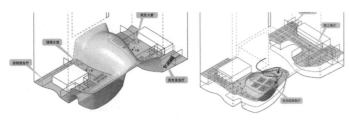

建筑一层围绕城市大厅展开，由门厅、商业、营业厅组成一个复合的城市活力空间；国银会议中心可通过共享大厅进入，在二层、三层分设多功能厅。

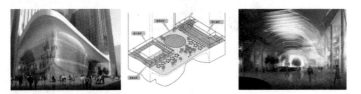

两家银行的员工餐厅和高级餐厅均与屋顶绿化结合设计，营造一个轻松舒适的就餐和交流环境。

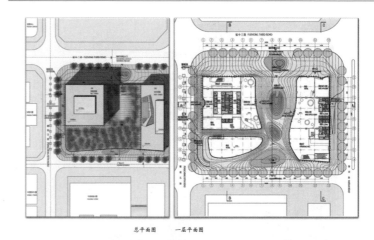

总平面图　　一层平面图

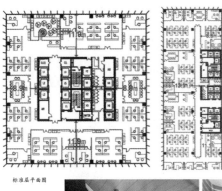

标准层平面图

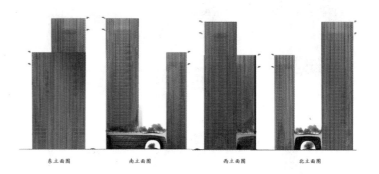

东立面图　　　　南立面图　　　　西立面图　　　　北立面图

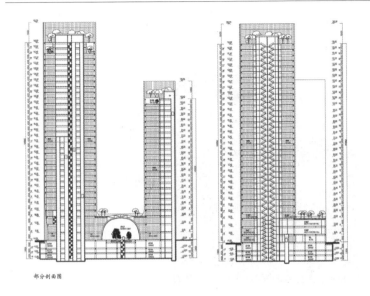

部分剖面图

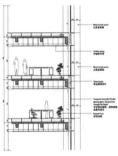

4.5.5 绿色设计
立面节点设计

　　建筑外立面采用玻璃幕墙体系，给室内带来充足的采光及良好的景观视野。电动百叶可根据室内的温度进行自动调节，将室外的新鲜空气引入建筑室内，达到自然通风的效果，减少建筑能耗。立面的竖向金属板通过钢构件与玻璃幕墙龙骨连接，形成一体化的建筑外观，竖向的线条强调了建筑挺拔的气势，有利于形成鲜明的外观特征。

标准层剖面节点

　　标准层采用 4.2 m 的建筑层高，给予办公室内适宜的净高。冷辐射吊顶使室内的温度更加均匀，避免局部温度过低或者过高的情况，高度 400mm 的架空地板，往上输送干冷空气，保证了近人尺度范围内的舒适度，减少建筑能耗。

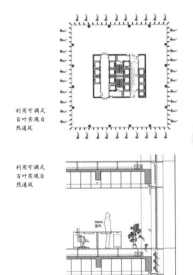

利用可调式百叶实现自然通风

利用可调式百叶实现自然通风

空中花园

　　冬季时期（11 月～3 月），深圳的气候（风速、温度和湿度）都很有利于自然通风。位于室外立面上的可调式百叶能够引入自然风，联系室内外。自然通风系统能够提高人的工作效率，减少机械的能耗。现状基地是一片密林，本案绿地提升到不同高度，形成一系列空中花园，为城市保留一份绿意。

水资源保护及再利用

　　1. 低径流装置

　　节水管道装置可以很好地减少自来水的能耗量。

　　2. 生活污水处理及再利用

　　中水系统中的水源来自厕所和厨房。经过场地内的过滤及消毒系统，中水系统中的水可用于洗手间便池的冲洗。这项技术可以显著减少建筑自来水的使用量。

　　3. 冷凝水回收系统

　　从空调冷凝系统中收集到的废水将导引至中水系统，经过场地内的处理后再次循环使用。估计从该建筑中每年可回收 3785 万升的水。

　　4. 雨水处理及再利用

　　收集塔楼和裙房屋顶的雨水并储存在场地内，为以后的植被浇灌和非饮用水使用。

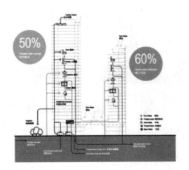

1. 冷水机组设备与空调除湿设备相结合，冷水机组产生的废热将用于提供空调制冷和除湿的能量来源。在夏季，冷却塔将作为冷水机组的备用冷却设备。

2. 裙楼上的光伏幕墙，将吸收太阳辐射的能量，用于空调制冷和除湿。

3. 高效的空调制冷系统将对新鲜空气进行制冷和除湿，该系统能量来源为冷水机组的废热和光伏幕墙吸收的太阳辐射。

4. 冷辐射吊顶对室内进行制冷，新鲜空气由地板送风系统从下部进行供给。分离的系统将最大化提高空调的制冷效率。

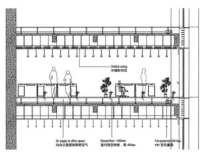

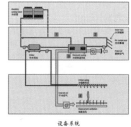

设备系统

其他投标方案

其他投标方案

第五章　推敲——高层建筑造型设计

多伦多城市鸟瞰

图片来源：摘自"香格里拉多伦多御庭"主页 http://cn.westbankcorp.com/shangri-la-toronto/detail.php

5.1 高层建筑造型设计的主要因素

高层建筑造型设计考虑的因素主要有环境因素、场地因素、功能因素、视觉因素以及结构、材料和技术因素等。

5.1.1 环境因素

高层建筑作为巨大的人工构筑物，对建设基地原有的生态环境带来的影响是个不容忽视的问题，对阳光、阴影、气流的影响及与其与环境要素（指地形、地貌、景观、周围建筑等）相协调等各方面问题，都迫使城市建设法规和建筑师的设计策略作出响应。

20世纪60年代的纽约福特基金总部大楼，将城市办公楼的入口广场与大厅组合成高大宽敞的室内庭园，将自然引入室内，形成一片园林景致，是在人与自然联系方面的成功创举。1995年这栋大厦获"美国建筑师学会25周年奖"，评委会特别指出其"建筑与风景非常协调"。

纽约市的城市公司中心大厦（1997年，Hugh Stubbins and Associates & Emory Roth）呈简洁的正方形塔楼，底部四边的中间各设一个支撑巨柱，挑出约22m，形成35m高底部架空空间，成功让出底部教堂的建设空间，并对城市空间呈现出谦让的态度，使建筑的造型充满了理性的色彩。

纽约城市公司中心大厦底部照片。
图片来源：http://www.docin.com/p-777183197.html

纽约福特基金总部大楼室内庭院照片和建筑立面示意图。
图片来源：http://www.fsvi.cn/2009/1124/5889.html

深圳建科大楼设计的最大依据是其所处环境，依托低成本和绿色设计原则，追求"平衡、时空、系统"的设计理念，运用"本土、低耗、精细化"设计方法，把建筑功能进行立体叠加，结合多重空中园林绿化体系，运用城市自然通风和采光控制手段，成为一幢低碳、高效、亲切的现代化办公大楼。

深圳建科大楼案例图片。图片及文字资料来源：百度文库，深圳建科大楼绿色建筑技术，http://wenku.baidu.com/link

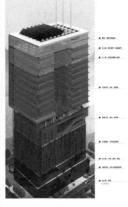

深圳建科大楼绿色建筑创新措施

一、节地与室外环境

·场地的规划设计，如：1.保护、利用与修复原有场地的生态资源；2.在绿地规划、景观设计、雨水利用等方面提高场地对周边环境的贡献，使场地的生态效益最大化；3.保护周边人文环境、培养社区氛围、塑造公共空间。

·建筑外部环境，如：1.在建筑布局与形体设计中采用被动式设计及其他新技术措施，改善外部声环境、风环境、热环境等的效果或评价；2.改善外部环境质量方面的新技术应用。

·节地与空间高效利用，如：1.在各类设施共享、建筑设计、地下空间利用等方面的技术措施；2.在废弃地利用、旧建筑改造等方面的新技术应用。

·建筑设计方面，如：高效利用建筑空间，并使得建筑节约并提高土地使用效率，改善室外环境质量，实现生态效益的创新技术或设计理念。建筑平面与空间体量更紧凑。

二、节能与能源利用

·被动式节能技术应用，如：适应气候的建筑平面、空间布局，冬季被动式太阳能利用技术、分朝向合理优化围护结构热工性能及窗墙比，自然通风，自然采光，外遮阳及建筑一体化设计，地道风、通风外墙、高效的双层皮幕墙等。

·节能的空调形式，如：1.采用适合当地气候、个人灵活可控的空调系统；2.温湿度独立控制空调系统；3.大空间（地板）辐射采暖空调系统。

·可再生能源，如：高效的太阳能热水系统及建筑一体化，太阳能光电系统及建筑一体化；高效的地源热泵、水源热泵、污水源热泵系统；风光互补系统等。

·分类分项计量。

·高效、创新的采光和照明设计。

三、节水与水资源利用

·综合统筹利用各种水资源，如：中水和雨水回收利用等。

·采用节水器具、设备和系统，如：1.节水省水型的卫生器具；2.景观冷却水系统等。

四、节材与材料资源利用

·高效利用材料资源，如：1.合理利用已有建、构筑物；2.选用工厂化、标准化生产的构件和部品；3.在保证安全的前提下，优化设计，使得主要材料用量指标低于当地同类建筑；4.采用资源消耗少的建筑结构体系。

·废弃物再生利用，如：1.合理使用可再循环利用的材料；2.选用工厂化、标准化生产的构件和部品；3.建筑废弃物回收利用等。

五、室内环境质量

·声环境改善与创新，如：合理的空间平面布置，隔声降噪处理等。

·光环境改善与创新，如：采用遮光、反光、控制眩光的材料、技术或措施；改善室内自然采光或人工照明；提高局部照明的可控性；改善视野的创新措施。

·热环境改善与创新，如：1.采用可有效改善太阳辐射、长波辐射的围护结构技术措施；2.空调系统采用合理的气流组织形式、改善室内热舒适的创新设计措施；3.区分不同功能空间的室内热环境设计标准。

·空气品质改善与创新，如：1.创新的新风系统设计、室内空气品质监测措施；2.创新的材料选择，装修污染预评估及辅助优化设计等。

六、运行管理

·运行管理制度与实施，如：1.采用建筑全寿命周期的理论及分析方法，制定绿色建筑运营管理策略与目标，在规划设计阶段考虑并制定运行管理方案等；2.制定并实施节能、节水、节材、保护环境的管理和激励制度；3.垃圾减量化、资源化管理，分类收集、处理与利用生活垃圾；4.运用网络化管理平台实施运营管理；5.通过技术与管理创新，提升物业管理效率与水平；6.利用分析计量系统，实现节约管理。

·智能化系统建设及运行，如：1.智能化系统完善、定位合理，能实时监控设备设施的运行状况；2.技术先进实用，能采集和分析资源消耗数据，为管理的不断改进提供支持；3.应用系统集成技术，有效提高管理和服务效率。

通风分析图——基于气候和场地条件的建筑体型与布局设计；
采光分析图——"凹"字体型设计与自然通风和采光。　　　　　　　区位分析图

标准层平面图及底层平面图。
图片来源：http://www.office-navi-osaka.jp/office/01003140/1/

5.1.2 场地因素

在有限的场地上建造尽可能多的面积，并满足房间间距、绿地面积、容积率等要求，故高层建筑的平面形式和体量大小要根据基地面积、基地形状、地理位置来全面考虑。

日本大阪的住友保险大楼就是一个较好的结合三角形基地处理造型的案例：由于三角形的基地位于繁华的商业街区，要求建筑造型醒目、突出。平面由两个沿中轴垂直相交的长方形构成，形成呈"T"形上升的20层塔楼，在转角部位处理为镜面玻璃幕墙，削减了体量，形成秀丽挺拔的外观。

5.1.3 功能因素

不同的使用功能对高层建筑的平面形状和体形都有直接影响。高层建筑常见的功能类型有办公、住宅、旅馆等。

日本大阪住友保险大楼照片。
图片来源：http://www.office-navi-osaka.jp/office/01003140/1/

5.1.4 视觉因素

要考虑建筑近、中、远距离的视觉效果。

1. 注重整体性。

2. 注重简洁性。1973 年落成于芝加哥的标准石油大厦，利用石材饰面，塑造简洁外观。大理石墙面单纯的凹凸阴影强化了建筑的竖向线条，凸显出挺拔的造型效果。

3. 注重易识别性。从主体造型、顶部造型、用材、色彩等方面，获得一定的个性和辨识度。

5.1.5 结构、材料、技术因素

高层建筑是基于技术的艺术创作，一定的建筑技术有其特定的建筑形象，反之，独特的建筑造型必然要有特定的建筑技术来体现。造型应充分考虑结构自身的逻辑性。

芝加哥的标准石油大厦及周边建筑鸟瞰，图片来源：http://you.ctrip.com/travels/unitedstates100047/1669792.html
芝加哥的标准石油大厦透视照片，图片来源：http://blog.sina.com.cn/s/blog_69ed86d30100k58d.html

5.2 高层建筑主体体形设计

高层建筑是城市区域空间的中心，其造型是区域城市空间格调的决定因素之一。高层建筑可分解为基座、主体、顶部等各部分造型组合，也可以是一体化整体构成。

5.2.1 几何体形

1. 完整的体形。

2. 减法（切割法），是在简单几何体平面的基础上，用直线或曲线为"刀"对其进行切割，构成新的平面，再延伸成为柱体。

3. 加法（叠加法），是以相同或不相同的几何体相互错位相叠，构成新的平面形式。位于北京建国门附近的中国国际贸易中心（一期）（1989 年，美国索伯尔·罗斯建筑事务所设计，日本的日建设计完成施工图）是方形平面切圆角的典型案例。1988 年建成的深圳发展中心大厦，地下 1 层，地上 43 层，是圆形、梯形组合平面。其主体是一个圆柱，下部 1/3 处为台阶形玻璃幕墙，与上部的大面积水平带窗配合，形成虚实对比，是深圳市具有代表性的高层建筑之一，它的标准层是圆形与梯形的组合。

简单的几何形体常用的叠加方式，图片来源：刘建荣.《高层建筑设计与技术》.北京：中国建筑工业出版社，2005.05.P76.

深圳发展中心大厦照片，图片来源：http://image.baidu.com/i

国贸大厦与国贸展览中心、国贸商城、中国大饭店及国贸饭店、国贸公寓共同构成总建筑面积达 56 万 m² 的中国国际贸易中心，成为集办公、会展、酒店、居住及文化娱乐为一体的国际商务中心区；成为现代化超高层建筑集中，国际知名公司云集，知识、信息、资本密集，具有规模效应与集散效应优势的区域；成为金融、保险、电信、信息咨询等行业的公司地区总部与营运管理中心。综合体形式将国贸中心的用地与区域实现了完美的嫁接，极大限度地发挥了用地的价值潜力，也极大限度地促进了商务中心区域的发展。2010 年 8 月，以高达 330m 主塔楼夺得"京城第一高楼"称号的国贸大厦建成完工，8 月 30 日正式全面开业，成为北京 CBD 的中心。在"华丽"外表下，国贸大厦也为避免成为"拒人于千里之外"的庞然大物而精心设计。项目主创建筑师美国 SOM 的 Brian Lee 表示："SOM 在设计之初，就明确了本项目的重要意图是在北京之巅营造一处欢迎公众到来的场所。"餐饮、休憩厅、多功能厅等最公共的设施空间均布置在大厦顶部，且大厦入口庭院、水景花园以及附有壮观的入口天篷的豪华大堂，均与所在区域的街道和人行道的公共空间相连。（参考资料：百度百科 http://baike.baidu.com/view/3327157.htm?fr=aladdin）

中国国际贸易中心鸟瞰，图片来源：http://www.ikuku.cn/person/renwu-gaohan

案例：

舟山 CBD3 号地块建筑设计方案

设计师：陈小军、张翔、黄丰，2008.12
设计图片来自项目设计成果。

方案一，主楼和裙房采用一体化的线条构成，主体建筑形体隐喻风帆，裙房形体隐喻波浪，同时都有海岛礁石的形体意向。建筑形体挺拔，建筑功能高效，造价可控。

舟山城市群CBD3号地块建筑设计方案

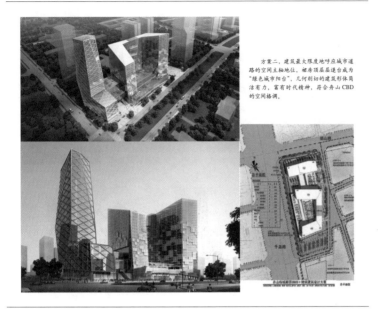

方案二，建筑最大限度地呼应城市道路的空间主轴地位，裙房顶层退台成为"绿色城市组台"，几何削切的建筑形体简洁有力，富有时代精神，符合舟山CBD的空间格调。

方案三，以"波浪"统一建筑形体意向，竖向曲线和横向曲线高低组合，以一个巨型尺度的城市平台连接塔楼和板楼，形成个性鲜明的城市地标。

建筑功能分析图、建筑交通分析图、建筑景观分析图。

设计的出发点是城市时建筑的要求和限定，包括风格、体量、色彩、功能、建筑的天际线、出入关系、视线（包括看与被看）、建筑能耗、建筑排放都要纳入城市空间的规划和脉络中。

建筑设计的第二轮在主管部门和甲方的要求下，建筑形体更加趋于简洁有力，光洁的玻璃和挺拔的竖向石材干挂线条形成建筑国际式的风格、格调。

第三轮的建筑设计以功能满足、造价控制为核心，设计返璞归真，以矩形塔楼为主，把裙房商业容量最大化，同时满足商业规整柱网出入便捷的要求。建筑弱化个体个性和标志性，试图融入 CBD 区域建筑大环境内。

5.2.2 台阶体形

沿高层主体由下至上作台阶状收缩，构成一块块屋顶平台或花园。

优点：下大上小，减少风荷载，造型稳固而独特；满足城市规划临街面与道路中心线间的限高规定；台阶形成的屋顶平台利于观景。建在东京港区的 NEC（日本电气株式会社）本部大楼是双面台阶的建筑实例。大楼建筑面积 14.1 万 m²，地面以上 43 层，地下 4 层，建筑高度 180m。建筑体形简洁，标准层自下向上逐渐缩小，形成三段，从正面看外形似一枚待发的火箭，显得雄浑挺拔。建筑中部第 13 ～ 15 层处开有一个南北向风洞，以减弱建筑长边的风压力影响。形成独特建筑形象。韩国首尔综合贸易中心和深圳发展银行大楼都是单面台阶的高层建筑实例。

NEC（日本电气株式会社）本部大楼照片。图片来源：http://jscity.weibo.10086.cn/index.php?c=f&m=topic&k=总部故事&p=22
韩国首尔综合贸易中心照片。图片来源：http://kr.v.wenguo.com/html/article/200706/4923.shtml
深圳发展银行大楼照片。图片来源：http://sz.xzl.anjuke.com/loupan/tupian/232596

5.2.3 倾斜面体形

利用倾斜面造型也是高层建筑体形塑造的常用手段。斜面所带来的动感和韵律可以使建筑外观舒展、流畅而富有个性。高层建筑体形中四面倾斜的实例如旧金山泛美大厦（1972 年），吉隆坡马来亚银行大楼（1988 年）、横滨标志塔楼（1993 年）等。泛美大厦是一个 48 层、高 260m 的方尖塔。建筑平面为正方形，自下而上每一层的楼板都向中间缩进，形成直线形的倾斜外墙；它的类似于金字塔的锥形体形，有利于街道获得较多的阳光和空气，成为 20 世纪 60 ～ 70 年代国际式方盒子建筑在美国盛行以来第一栋在形式上有所创新的高层建筑，成为旧金山的标志性建筑。

横滨标志塔楼照片。图片来源：陈小军摄，2008.02.
吉隆坡马来亚银行大楼照片。图片来源：http://www.jzwhys.com/news/1629757.html。旧金山泛美大厦照片。图片来源：www.quanjing.com

5.2.4 雕塑体形

雕塑体形的特点是沿塔楼竖向进行切割，用雕塑手法对塔楼进行形体塑造。利用切割、加法、减法、穿插甚至旋转、重复等各种空间构成手法，来塑造形体。

贝聿铭事务所设计的美国达拉斯阿利德银行大楼采用了斜面切割的雕塑造型。大楼高 220m，60 层，底层平面尺寸 58.5m×58.5m，楼身为绿色的全玻璃幕墙，像一个光滑、光亮的棱柱体。上海环球金融中心（KPF 事务所设计方案）高 460m，由 95 层主体大厦和 3 层裙楼组成。造型特征为正方形和圆形两个单纯的几何体组成的巨型雕塑。主体采用正方形平面，从对角线分为两个三角形，其余两对角自下而上逐渐收分，至 460m 高处呈一对平行的直线。顶部圆洞后改为倒梯形。

上海环球金融中心照片。图片来源：http://solution.chinabyte.com/145/9056145.shtml
美国达拉斯阿利德银行大楼照片。图片来源：http://zh.wikipedia.org/wiki/达拉斯

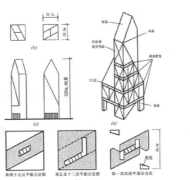

(b)

(c)

(d)

(e)

第四十五层平面示意图　　第五层至十二层平面示意图　　第一层底层平面示意图

达拉斯阿利德银行大楼平、立面和结构体系示意
(b)平面示意图；(c)立面示意图；(d)代表性平面示意图；(e)结构体系轴测图

美国达拉斯阿利德银行大楼照片。图片来源：http://zh.wikipedia.
org/wiki/ 达拉斯。
美国达拉斯阿利德银行大楼平、立面和结构体系示意图。图片来
源：刘建荣.《高层建筑设计与技术》. 北京：中国建筑工业出版社，
2005.05：P88.

黑川纪章设计的东京中银插入式仓体大楼是利用单一的几何体单元进行穿插式的组合。美国迈阿密的东南金融中心大厦（SOM,1983），利用立面的进退变化形成雕塑体形，利用顶部规整的小退台对完整的方形柱体作有序列的雕琢。隐喻象征也往往是雕塑体形的灵感之源。金茂大厦节节收束的塔式造型象征中国古塔的形象。

5.2.5　特殊形体

根据主体结构功能和建筑环境合理安排表皮材料和虚实形体构成。

迈阿密东南金融中心大厦照片。图片来源：http://photo.zhulong.com/proj/detail12115.html
阿拉伯银行大楼照片。图片来源：http://www.som.com/projects/national_commercial_bank
东京中银插入式仓体大楼照片。图片来源：http://www.archreport.com.cn/show-6-2370-1.html
金茂大厦立面局部照片。图片来源：http://a.hiphotos.baidu.com/baike/

5.2.6　案例：威海四季海湾2号地块项目多方案推敲　设计师：陈小军，2011.05-2013.03

SKETCHUP 形体模型示意图

规划总平面图

规划鸟瞰图

项目有两幢已有建筑，一幢为酒店式公寓，一幢为烂尾办公楼。

规划试图重启、更新这个地块，项目定位为城市综合体，底层为中小城市休闲餐饮商业和海水热疗中心。主体建筑功能包括海景度假公寓、城市住宅、星级酒店等。用地南侧是大片黑松林，北侧是蔚蓝的大海。建筑设计要综合考虑市场当前需求、项目运作情思景、日照通风组织、大海景观和黑松林景观等多个设计思考点，在尊重项目可行性的基础上考虑项目社会效益和经济效益的最大化。建筑造型推敲的形体尺度仅仅是设计的基本要点之一。

SKETCHUP 形体模型多方案推敲示意图

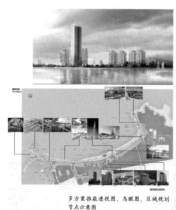

多方案推敲最透视图、鸟瞰图、区域规划节点示意图

在开发商与建筑师多轮讨论的基础上，建筑主楼规划形态确定为点式楼组合。最后一轮的两个方案分别是 5 幢点式楼和 4 幢点式楼组合。

方案一保留两幢临海建筑，仅作立面改造。以风帆为造型母题，结合甲方在项目旁边海景城区域运作多年的帆船俱乐部，突出"帆"的意向，表达项目的"亲海"特质。

方案二保留一幢临海建筑。设计强调建筑本身的形体划分组合，结合内部功能要求，形成多个海景阳台，建筑形体挺拔、气质优雅。

最后一轮两个建筑造型设计透视效果图

5.2.7 案例：新加坡吉宝湾弯曲住宅——映水苑

建筑师丹尼尔·里伯斯金 (Daniel Libeskind) 设计的位于新加坡吉宝湾旁的"弯曲住宅"建筑——映水苑，由 6 幢起伏的摩天大楼和 11 幢低层住宅楼构成，一共包含了 1129 个单位。项目面临圣淘沙岛，背倚花芭山，毗邻吉宝置业已完成的项目 Caribbean at Keppel Bay。6 幢具有弯曲曲线的摩天大楼最高为 41 层，最低的也有 24 层，每幢大楼都设有天台花园，楼宇之间则是通过空中桥梁连接。

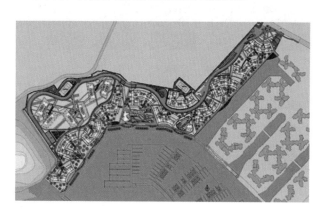

大器晚成的丹尼尔·里伯斯金被认为是解构主义设计大师，1946 年出生于波兰一个纳粹大屠杀幸存者家庭，42 岁的他在 1988 年参加柏林犹太人纪念馆竞标之时，里伯斯金在建筑界还是一个新人，没有丝毫名气可言。在参观建筑场地的时候，他并未像通常的竞标者那样拿着照相机拍照，"不是不重要，但灵感的来源并非在此，它并非抽象的"。对于出生于波兰一个纳粹大屠杀幸存者的犹太人家庭的里伯斯金来说，一切都很具体，"那些逝者的坟墓上空白的大理石，让我常常觉得有一种空白感，特别是对于年轻的一代来说，一切停顿了"。里伯斯金所做的是将这种"空缺"用建筑呈现出来——以六角的大卫之星切割、解构后再重组的结果展现在建筑上，使建筑形体呈现极度乖张、扭曲而卷伏的线条。人一走进去，便不由自主地被卷入了一个扭曲的时空，馆内几乎找不到任何水平和垂直的结构，所有通道、墙壁、窗户都带有一定的角度，可以说没有一处是平直的，这一切无不给人以精神上的震撼和心灵上的撞击。

新加坡的"弯曲住宅楼群"业主的要求是要作一个高密度的、标志性的住宅建筑。里伯斯金的解决之道是建设 6 幢摩天大楼，楼与楼之间用天桥相连。这些弯曲的、有曲线的高楼，在他看来契合热带城市，"就像在风中轻轻摇摆"。楼与楼之间的弯曲错落使得每一层都不是彼此的复制品，而可以从弯曲形成的空隙间看到独一无二的风景。

新加坡吉宝湾弯曲住宅图片。
图片来源：http://www.3vsheji.cn/a/jzc/2012/1127/18874.html

新加坡吉宝湾弯曲住宅图片。
图片来源：http://www.3vsheji.cn/a/jzc/2012/1127/18874.html

鸟瞰图 1，2

设计草图

模型照片

透视图及鸟瞰图

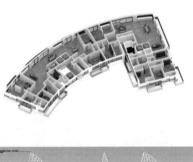

剖面立面示意图

户型示意图

鸟瞰图

户型示意图

局部鸟瞰图；局部透视图 1，2

5.3 高层建筑顶部造型设计

高层建筑的顶部往往决定了建筑艺术形式和时代的特征，是竖向构图的终端，在造型中起着画龙点睛的作用，是丰富城市天际轮廓线的重要手段，也往往是高层建筑可识别性的重要标志。

5.3.1 尖顶造型

尖顶造型形象突出，有助于形成高耸的感觉，如俄亥俄州社会塔楼、芝加哥 Prudential 广场 2 号楼、上海明天广场等。

芝加哥 Prudential 广场 2 号楼照片，图片来源：http://www.gaoloumi.com/viewthread.php?tid=6690
上海明天广场照片，图片来源：http://www.tristar.com.tw

5.3.2 坡顶造型

纽约花旗银行（1977 年斯图宾斯事务所设计，方形柱体，65 层，278.6m），采用了 45°的单坡顶，里面隐藏着空调冷却塔，在当时的高层造型中独树一帜，简洁有力的 45°斜屋顶在纽约上空成为强可识别的路标和广告，也打破了同年代纽约建筑的单调形象。

纽约花旗银行。图片来源：http://a4.att.hudong.com/33/93/30000117478113154693956984.jpg

5.3.3 穹顶造型

穹顶介于尖顶和平顶之间，纽约世界金融中心楼群中的一座塔楼也采用了半球形的穹顶。

5.3.4 平顶造型

平顶是高层建筑最常用的屋顶形式。平顶可以较好地满足顶层空间布置的经济性要求，如果在体量对比或细部变化上精心设计，也可以取得新颖的造型效果。可以利用几何体量的组合与穿插、局部退台、局部结合弧面或斜面、在平顶上增设辅助造型的构架等。

杭州龙禧超高层大厦顶部设计电子模型渲染图。陈小军设计，2009.03.

5.3.5 古典造型：古典造型也是现代高层建筑常采用的顶部处理方式之一。

5.3.6 旋转餐厅造型：如杭州平海路上的友好饭店。

5.3.7 隐喻造型：如香港中银大厦的雕塑造型，以节节高升蕴涵了对中国传统文化的隐喻；上海金茂大厦节节收束的雕塑化体形，形似中国传统的密檐塔；澳门著名建筑葡京大酒店，圆形主体的造型仿佛一个攒尖顶的巨大鸟笼，以此隐喻警示参赌者"进门容易出门难"。

杭州龙禧超高层大厦顶部设计电子模型渲染图。陈小军设计，2009.03.
澳门葡京大酒店，陈小军摄于 2008.12

5.3.8 顶部功能

高层建筑的顶层一般为机房层，但由于其处于建筑制高点，往往拥有较好的观景条件，许多高层建筑尤其是超高层建筑，会把顶层处理为观光层。上海环球中心顶层观光层还设置了玻璃地板，可以直接俯视楼下风光，更是增添了观景趣味。香港中银大厦顶层 70 楼的"七重厅"是举办盛大宴会的场所，深圳京基大厦在顶层设置瑞吉酒店的星光酒廊，上海久事大厦在顶层设置空中花园。

香港中银大厦俯视图、"七重厅"照片、示意图。
图片来源：http://blog.sina.com.cn/s/blog_98f6811f010100ur.html

案例：深圳京基顶部功能设计

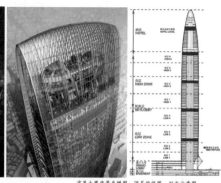

京基大厦项目设计方案图片。
图片来源：百度文库，京基100金融中心方案，http://wenku.baidu.com/view/807ab280fd0a79563c1e72f1.html

京基大厦夜景鸟瞰图、顶层俯视图、剖面示意图。
图片来源：http://www.designclub.com.cn/news/detail/11207

京基大厦位于深圳市罗湖区蔡屋围金融中心区，用地条件狭窄苛刻，回迁压力大。建筑综合体由四个部分组成，包括主楼、商业中心、商务公寓和回迁住宅，四个部分大致分布在地块的四个角。由于主楼采用了弧形建筑形态，故回迁住宅的平面形式也采取了弧形，同时顺应地形。

京基大厦空中游泳池、顶层标铭牌、顶层酒廊照片。
陈小苹 摄于 2012.08

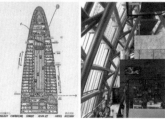

京基大厦项目案例图片。
图片来源：百度文库，京基100金融中心方案，http://wenku.baidu.com/view/807ab280fd0a79563c1e72f1.html

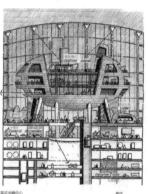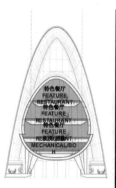

建筑主体结构体系分别采用钢筋混凝土核心筒、巨型斜支撑框架及三道伸臂桁架、五道腰桁架组成三重抗侧力结构体系，以抵抗水平荷载。

外筒钢结构共 16 根箱型钢柱，通过腰桁架和东西外立面巨型斜撑连成一体，核心筒内有 24 根劲性钢柱，内外筒由伸臂桁架和楼层钢梁连成整体，形成高耸的空间稳定结构。

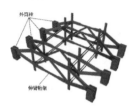

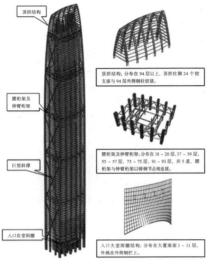

顶拱结构：分布在 94 层以上，顶拱柱脚 24 个铰支座与 94 层外筒钢柱铰接。

腰桁架及伸臂桁架：分布在 18～20 层、37～39 层、55～57 层、73～75 层、91～93 层，共 5 道，腰桁架与伸臂桁架以铸钢节点相连接。

入口大堂雨棚结构：分布在大厦南面 1～11 层，外挑在外筒钢柱上。

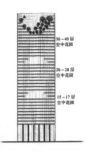

诺曼·福斯特设计的上海久事大厦的空中花园成为交流中心，也使建筑立面上更具趣味；同时加强楼层之间视觉联系，净化空气。空中花园面对陆家嘴景观层层后退，其间的 2 座天桥成为最佳观景点。

上海久事大厦夜景照片、中庭示意图及照片
图 片 来 源：百 度 文 库 http://wenku.baidu.com/link?url=PVtBuXwX8-4aSDXbRQOWBsAMw3xPjLRa2ThSf-3cD42Om8JYqg_eRBdnwVOFmkC8KEuOJtE5OXQCVnJc4yXJvk2PayGFNp1di9pb-dYEnN

5.3.9　案例：龙禧超高层大厦造型设计
设计师：陈小军 2009.01-2009.03

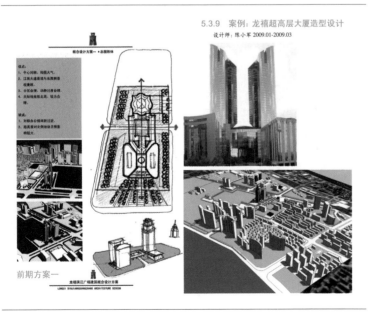

前期方案一

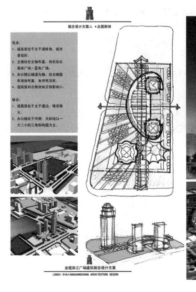

前期方案二

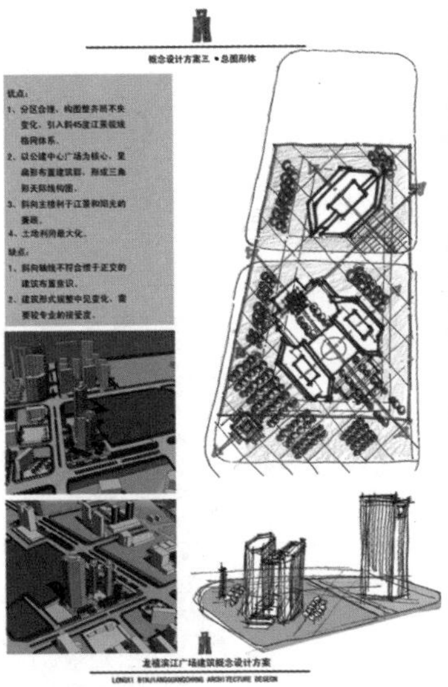
概念设计方案三 • 总图形体
龙禧滨江广场建筑概念设计方案

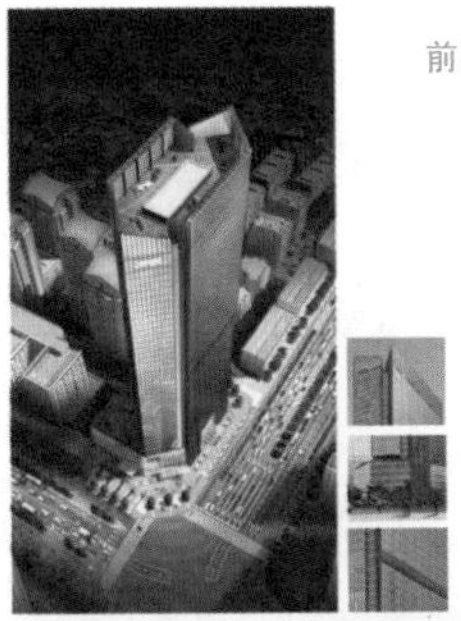

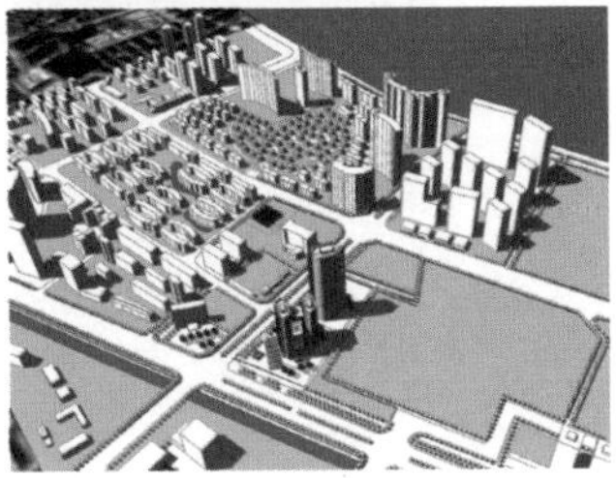

前期方案三

项目地处尚在使用中的全国重点文保单位“钱塘江大桥”东南侧，超高层主楼的设定使其与“六和塔”成为大桥两侧城市空间的两个制高点，时间和空间在这里交汇，建筑形态成为设计的关键。建筑以中国“古塔”作为设计造型的出发点，结合大楼的功能设定和结构体系，形体自下而上收进，塔楼的顶部造型是处理的重点，采用“象形”手法，生成“火炬”和“芦笋塔”两个比选方案。

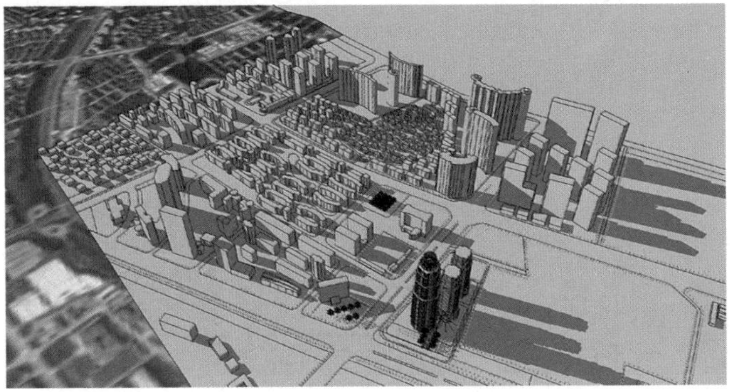

建筑与城市区域空间形体示意图

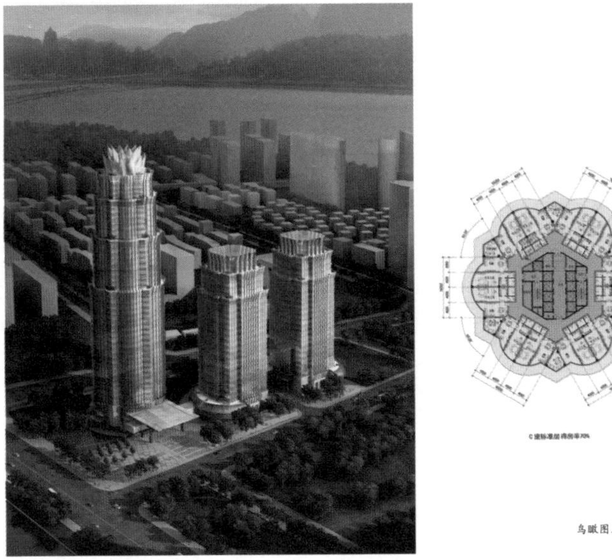
C座标准层 得房率70%

鸟瞰图及标准层平面

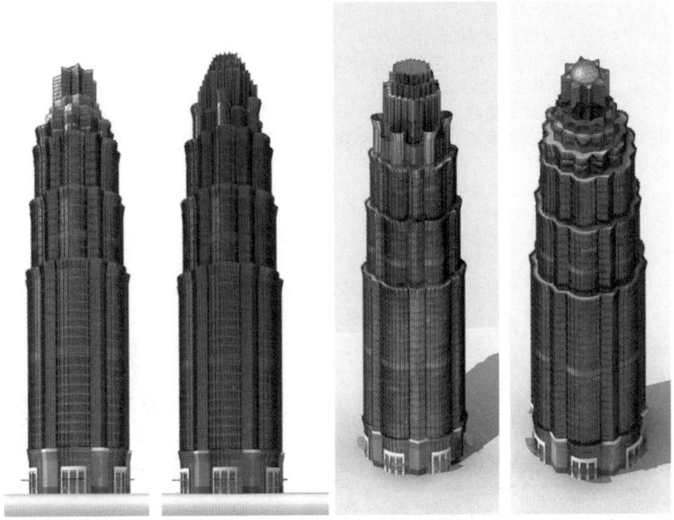

杭州龙禧超高层大厦头部设计电子模型渲染图。陈小军设计，2009.03.

5.4　高层建筑基座造型设计

　　基座——通常指行人从街道上看到的高层建筑底部，由于接近城市街道和户外人群，所以设计更侧重于人性化。基座对城市街道环境的影响：影响城市街道生活；影响城市街道景观；影响街道小气候。高层建筑底部在有条件的情况下，可设置开放共享空间，包括设置局部架空、下沉广场、骑楼等手法。基座设计要求：1. 基座尺度应与街道尺度相协调；2. 基座的风格应注重地方传统。传统高层建筑多采用基座、主体、头部三段式构图，如北京中服大厦等。深圳报业大厦的基座采用了与沿海地方历史文化相联系的"船形"，巨大的金属构架在水平方向舒展开来，也形成了主楼与基地环境的过渡。

　　高层建筑底部的公共用房和附属用房在平面布局上常常超出标准层的平面范围，这种扩大的底部空间被形象地称为裙房。裙房往往是基座的主要组成部分，需结合高层主体整体造型合理推敲体量和尺度。平面布置的组合方式有：基座式裙房、毗邻式裙房、分离式裙房。

北京中服大厦照片。图片来源：http://www.tooopen.com/view/54308.html
深圳报业大厦裙房外景及内景照片。图片来源：http://bbs.szhome.com/commentdetail2.aspx?id=9318689

　　裙房与城市交通系统的接口是高层建筑与城市空间系统各要素间的结构联系枢纽。与机动车道的接口包括平面接口和立体接口。

　　平面接口：即裙房各出入口与城市道路之间通过道路及广场水平连接。在容易造成高峰人流的出入口，如办公出入口应布置规模较大的集散广场；当城市干道交通量较大时，从高层基地出入的机动车辆应采取右进右出的形式；当城市干道行车速度超过40km/h时，应在车行出入口设加速及减速辅助车道，其长度一般为20～40m。接口不应靠近城市道路交叉口，距交叉口的最短距离应由交叉口道路红灯时间内最大排队长度决定，并应大于70m。

　　立体接口：即高层建筑出入口与城市道路之间采用高架封闭式汽车专用环道来连接。除了高架封闭式车道外，立体接口还可以根据需要采用另外两种方式，一是将城市道路上的主线车流沉入地下，使城市道路与高层建筑相交的部分成为次要集散道路；另一种方式是将人流集散广场局部下沉，以组织步行线路，车道以天桥方式跨越下沉空间。

　　与城市步行系统的接口：高层建筑集多种功能于一体，实际上缩短了步行出行距离，提高了步行交通密度。为解决上述车流对步行线路的干扰，实现对传统街道文化在高层次上的回归，世界上某些城市采取了建设城市步行专用系统的办法。即在大型建筑之间建设空中连接通道，在二、三层或其他楼层上把它们连成一个整体，使大量人流及活动离开地面层，形成一个专用步行街。

吉隆坡从巴比伦商场到会展中心的空中连廊。（基于 Google Earth 卫星照片制作。陈小军，2014.02）

5.5　高层建筑的立面设计

　　影响高层建筑立面设计的因素很多，如技术（材料、结构、设备、施工）因素、历史文脉、环境特点以及可持续发展理论等。

5.5.1　结构艺术风格的立面设计

　　表达结构形式与美感，是现代建筑师进行建筑创作实践的重要手法之一。理性主义代表人密斯所推崇的"皮与骨"的玻璃外墙建筑，就是强调结构构件艺术构思的表现。结构外露包括三个方面的基本概念：

　　效能——指充分发挥结构材料的优势；

　　经济——指相对较少的造价；

　　雅致——指精美的结构外形。

　　芝加哥汉考克中心100层，344m，下部为商业、办公用房，上部为公寓，体形为矩形截锥体，结构为全钢巨型桁架体系，X斜撑暴露于外，作为立面造型的元素，加强了结构的抗侧力性能，减少了外筒框架柱的数量，使得立面简洁有力。

芝加哥汉考克中心远景及内景照片。图片来源：http://guide.uuyoyo.com/info/raiders/2010/422/69609/

5.5.2　高技派立面设计

　　高技派立面风格的特点如下：1. 暴露结构系统和设备管线，以鲜明的平涂色块加以区分，成为重要的装饰手段；2. 通过透明玻璃清楚地展示内部交通系统，如自动扶梯、电梯和人的活动；3. 大面积使用透明玻璃、铝合金、不锈钢作为外装饰材料；4. 建筑构配件加工制作的高度精细。如1980年建成的劳埃德保险公司大厦、1986年建成的香港汇丰银行等。

　　香港汇丰银行（1986年，诺曼·福斯特设计）的立面采用玻璃与铝板饰面，高技派特征体现在精密性、高质量、节能、大面积的玻璃、富有科技感的遮阳装置等方面。

　　地处塞纳河畔的巴黎阿拉伯世界研究中心大楼（1988年）南立面幕墙玻璃板上设有光电板机械装置，作用原理如同照相机的镜头，能随阳光的变化而调整，使室内获得最适度的日照条件，仿佛一件精工雕琢的工艺品。

　　位于英国伦敦的劳埃德保险公司大厦（1978～1986年，理查德·罗杰斯），以暴露的交通塔和管线设备构成建筑的立面。设计中将建筑的交通、设备等服务功能以功能塔的方式脱离主体建筑的布局，使建筑内部空间完整、连续。而功能塔外不锈钢夹板的外饰面、空透的墙体，加上布置在外部的立体结构支撑柱和外露管道，更强化了技术精美的视觉效果。

劳埃德保险公司大厦照片。
图片来源：http://www.shengtaifang.net/expert/show.php?itemid=9

5.5.3 生态型立面设计

采用生态型立面设计的目的是保护生态环境、改善城市区域环境和创造健康的人居环境。生态型的建筑设计，既注重利用天然条件与人工手段创造良好的富有生气的环境，又要控制和减少人工环境对自然资源的消耗。

生态型建筑强调对自然环境的关注，要求建筑充分利用建设基地的有利条件，如气候、朝向、地形地势、植被条件等，提高能源的使用效率，尽量利用可再生能源，强调建筑材料的无污染、可循环性，强调对低能耗的地域材料、技术的使用，追求建筑环境与自然环境的亲和性。在高层建筑设计中注重小气候、强调小环境的舒适度，谋求人与自然环境的良好沟通等。

马来西亚建筑师杨经文的理论是从"生物气候学"着手，根据当地环境和气候条件创造独特的低能耗高层住宅。其设计方法有以下特点：

1. 把垂直交通核心设在建筑物温度高的一侧或两侧，可使楼电梯间、卫生间等自然采光通风，同时使工作区与外部形成温度缓冲区（在炎热地区它是热的缓冲，在寒冷地区它能阻止冷空气渗透），从而降低能耗；

2. 室内空间处理要求利于阳光和风的进入，设置空中庭院；

3. 垂直景观；

4. 可调节（如遮阳系统）的外墙。

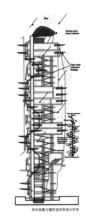

雨水收集与循环使用系统分析图

杨经文设计的生态高层雨水收集与循环使用系统分析图。图片来源：http://www.sheng-taifang.net/expert/show.php?itemid=9

SOM 事务所设计的沙特阿拉伯国家商业银行大楼是一幢 27 层高、平面呈三角形的高层建筑，为了适应炎热的气候环境，建筑外墙呈封闭状态。

诺曼·福斯特设计的德国法兰克福商业银行（Commerzbank）总部大楼（53 层，高 300m），具有"生态之塔"、"带有空中花园的能量搅拌器"的美称。建筑平面呈三角形，在中部为贯通全楼的中庭，工作空间围绕中庭布置，宛如三片花瓣（办公空间）围绕着一枝花茎（贯通的中庭），中庭在起着自然通风作用的同时，还为建筑内部创造了丰富的景观。建筑内所有的楼梯、电梯、管道井和辅助用房等核心体部分均集中布置在三角形平面的三个角落，办公和花园空间十分集中。是世界上第一座"生态型"超高层建筑。

德国法兰克福商业银行标准层平面、剖面示意图及鸟瞰图。图片来源：http://photo.zhulong.com/proj/detail45345.html

5.5.4 历史文脉地方主义立面设计

从城市历史文脉与环境特点创造高层建筑的立面式样，是历史文脉地方主义的立面设计手法。西萨·佩里设计的吉隆坡石油双子大厦，其灵感则来自伊斯兰塔，而其平面的方形加圆形的组合形式也与伊斯兰教义中代表美好信念的字母"R"有关，反映了马来西亚的地域文化特征。

2004 年落成的李祖原设计的台北国际金融中心（TAUPEI 101）以 101 层、508m 的新高度成为当时的世界最高建筑。设计运用了中国文化中"台"的观念，由登高望远的渐次增高的 8 个竖向重叠的"台"构成高楼的形，"台"的四面为玻璃构成的斜面，既通过节节拔高代表了竹子节节高升和生生不息的向上伸展，也以生长的形代表了花开富贵的传统吉祥概念。主体塔楼构成"台"的每 8 层为一个单元，取自东方文化中"八为一斗"的吉祥含义。在"斗"的基本造型上以"如意"、"龙头"等中国吉祥图案进行细部装饰，赋予高楼外表以传统图腾的意义。

台北国际金融中心（TAUPEI 101）照片。图片来源：http://blog.sina.cn/dpool/blog/s/blog_59db42d80101pwtj.html?type=-1

KPF 设计的法兰克福 DG 银行大厦（1987～1993 年）朝向商业街的一面设计成一体化的垂直建筑形体，而朝向住宅区的一面采用较小尺寸建筑形体组合，从立面上可以看到一系列与周围环境相呼应的外墙伸缩线。高 208m 的塔楼顶端朝向旧市中心和莱茵河的方向凸出一个 10.5m 的"帽檐"。沿街的基座部分参照了传统建筑的风格，而塔楼主体就相对现代简洁。

案例：由中国密檐塔造型抽象而来的高层建筑设计方案

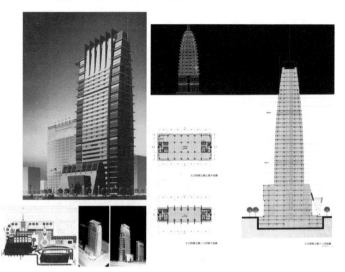

折衷主义兼顾城市历史文脉和现代审美、技术发展的双重要求。

折衷主义建筑原指19世纪上半叶至20世纪初在欧美一些国家流行的一种建筑风格。折衷主义建筑师任意模仿历史上各种建筑风格，或自由组合各种建筑形式，他们不讲求固定的法式，只讲求比例均衡，注重纯形式美。

现代主义建筑风格发展进程中也有新的折衷主义出现，既有对传统建筑形式的沿用，也有对现代技术材料的利用和表达。我国当代"夺回古都风貌"的"夺式"建筑多可归于折衷主义建筑。

北京老火车站照片。
图片来源：http://www.chinese.cn/culture/article

北京新西站照片。
图片来源：http://image.so.com/v

案例：赫斯特大厦（Hearst Tower）
· 总体概况

建筑设计：诺曼·福斯特
建筑高度：182m，46层
建设时间：2003～2006年
建筑级别：LEED黄金级别认证
详细情况：赫斯特大厦（Hearst Tower）是赫斯特出版公司的总部。大厦由1928年竣工的6层大楼——原赫斯特总部延伸而成。其三角的设计风格和石质的正面6层底座形成鲜明的对比。是纽约第一栋竣工的绿色办公大楼。位于美国纽约西57街300号和第八大道959号路口。

· 提倡理念

"我坚信环境的质量可以提升生活的品质。"
"人人都想当然地以为，我会把窗户后面设计成写字楼。而我最初的设想，就是让底座能成为一种设在立面的外部空间。让它变成一种城镇广场，一个应属于赫斯特的社区。"

· 建筑与城市的关系

赫斯特总部非常重视健康工作的理念，认为宜人的工作环境将促进企业未来的发展。因而，赫斯特大厦与在"9·11"遗址上重建的新世贸一起，成为纽约"绿色"环保写字楼的新地标，其建筑实践将引领城市中更多环保建筑的设计和建造。

赫斯特大厦鸟瞰图。
图片来源：http://www.cnki.net

· 形体

继承与创新：完全保留原有的6层建筑的标志性混凝土石材的外立面，然后把内部结构拆除之后，从中再建起一个46层的不锈钢玻璃大厦。老楼外立面围合成的空间构成了新大厦的大堂和中庭，感觉上成了室内的外部空间。窗户、墙面就像是广场周围的建筑，从某种意义上讲，它衔接了历史。西侧紧靠另一高层大楼，缺乏景观和采光，将核心筒设在西侧以减弱影响，并采用三角结构以抵消侧重力。

结构立面：高效的斜肋架构对比传统框架结构。将三角形体块相交处向内翻转进去，创造了独特的多刻面效果，在勾勒轮廓线的同时也强调出建筑的垂直体量感。整个玻璃幕墙呈现一种锯齿形钻石结构，一步步"爬"向天空。

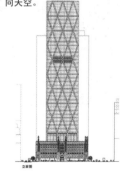

赫斯特大厦仰视图、立面图。图片来源：http://www.cnki.net

立面图

· 大堂布局

在大厦底层大堂，挑高最高可达 6 层。这就像一个繁忙的城市广场，其中包括了 3 层挑高的电梯间、自助餐厅，以及用于会议和特殊用途的多功能夹层。人们通过这样一个宏伟的室内空间可以到达大楼的各个部分，并能直接进入地铁站。另外，餐厅向四处伸开，所有员工在这里用餐、会友、交谈，就像在意大利广场上做的一样。

· 大堂功能流线

人们进入门厅，乘坐扶手电梯时会穿过一个人造瀑布，瀑布不只是装饰，还起到为大堂增湿降温的作用，这种自然的舒适感，远远高于空调制冷的效果。斜向上行的电梯，通往露天广场，在这能看到中央高耸的办公塔楼，向外辐射斜肋构件，带来一种独特的几何美感。在大堂少许逗留或休闲后，心态得到良好调整的员工去向各个楼层投入工作。

赫斯特大厦大堂内景及剖视图。
图片来源：http://www.cnki.net

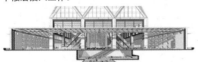

5.5.5 注重表皮肌理的构成派立面设计

平面构成是视觉元素在二次元的平面上，按照美的视觉效果，力学的原理，进行编排和组合，它是以理性和逻辑推理来创造形象、研究形象与形象之间的排列方法，是理性与感性相结合的产物。

立体构成也称为空间构成。立体构成是用一定的材料，以视觉为基础、力学为依据，将造型要素按照一定的构成原则，组合成美好的形体的构成方法。它是以点、线、面、体为基本要素来研究空间立体形态的学科，也是研究立体造型各元素的构成法则。其任务是，揭开立体造型的基本规律，阐明立体设计的基本原理。立体构成是一门研究在三维空间中如何将立体造型要素按照一定的原则组合成赋予个性的美的立体形态的学科。整个立体构成的过程是一个分割到组合或组合到分割的过程。任何形态可以还原到点、线、面，而点、面又可以组合成任何形态。立体构成的探求包括对材料形、色、质等心理效能的探求和对材料强度的探求，以及对加工工艺等物理效能的探求这样几个方面。

平面构成和立体构成是造型艺术设计的基础，建筑设计也不例外。构成手法在建筑立面或形体上的运用，往往能获得富有个性的建筑艺术效果。

马岩松设计的天津中钢国际广场效果图。
图片来源：http://www.globallp.info/cn/news.asp?831.html

案例：支付宝大厦

2011 年建成的杭州支付宝大厦设计于 2005 年，用地面积 19900m²，建筑面积 95795m²。设计试图创造可持续发展的生态智能化工作环境，将良好的视觉效果、完备的功能和鲜明的个性统一起来，并积极合理采用新技术、新材料、新设备、新工艺，结合双层建筑表皮进行了构成化的立面设计。

支付宝大厦鸟瞰图，立面局部照片
图片来源：http://www.uedmagazine.net/UED_Works_con.a
spx?one=1&two=12&three=60&pid=4436

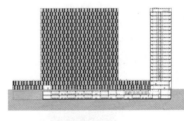

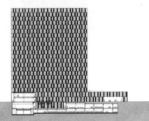

支付宝大厦立面图，局部照片
图片来源：http://www.uedmagazine.net/UED_Works_con.aspx?on
e=1&two=12&three=60&pid=4436

案例：芝加哥水楼

"水楼"位于芝加哥河的南岸湖岸东部开发区（Lakeshore East），整体方案是由 Studio Gang Architects 和 Loewenberg & Associates 设计完成的。整座建筑高 251m，共有 83 层，其中涵盖 215 间酒店客房、476 间出租公寓以及 263 套公寓单元，2009 年建成后，这里将成为芝加哥第一座集豪华租赁公寓、酒店套房与零售区于一体的高层建筑。

该建筑中最为聪明的设计来自于阳台与太阳阴影的理念，在塔楼周围逐渐形成波纹起伏的感觉，制造出独特的建筑外立面效果，建筑物也由此得名"水楼"（Aqua）。

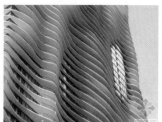

芝加哥水楼效果图
及局部照片。
图片来源：http://
photo.zhulong.com/proj/
detail31932.html

"水楼"的混凝土结构的"水波涟漪"的边角设计，利用了混凝土板材的独特效果，强调了它的塑性。根据"水波纹"这一造型主题，大楼的色调顺理成章地选择了水蓝色的玻璃窗户。当然拥有一个特殊而又巧妙的设计理念并不意味着绝对的成功，建造效果则是衡量这种设计理念在美学上成功与否的重要因素。

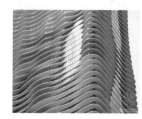

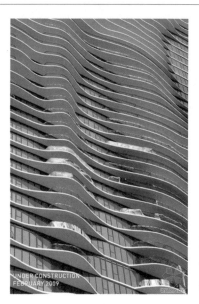

来自自然界的构成形态和人工建筑物造型元素的统一，获得了良好的艺术表达效果，流动与凝固、自然和雕琢，统一在"水楼"这个设计作品中。由于主楼仍是方形，仅利用阳台获得造型变化，造价可控。

案例：杭州坤和中心

坤和中心鸟瞰照片、立面照片。图片来源：http://www.nipic.com/show/2683673.html

杭州坤和中心主楼建筑物的造型简洁，立面竖线条挺拔向上，两翼竖状向上作阶梯的收缩，造型中部以通透的玻璃予以连接，并紧贴东端南侧建筑控制线压缩布局，从而强化了旅游码头建筑的地位。高层建筑通过向中心收缩的锯齿造型的立体效果以及塔楼顶部的开放式楼体构架，进一步强化了这一特征；同时突出了位于中心的入口部位。在东西两侧的裙房均设有连续韵律变化的柱廊，形成了宽阔的入口大厅。

5.5.6 解构建构与数字化设计

20 世纪 80 年代后期，西方建筑舞台上出现了一种很具先锋派特征的，被称为解构主义的新思潮。解构主义是一个具有广泛批评精神和大胆创新姿态的建筑思潮，它不仅质疑现代建筑还对现代主义之后已经出现的那些历史主义或通俗主义的思潮和倾向都持批评态度，并试图建立起关于建筑存在方式的全新思考。解构主义最大的特点是反中心、反权威、反二元对抗、反非黑即白的理论。解构主义在形式语言上仍然倾向于抽象，更多地倾向于从表层语汇转向深层结构的探索。结构主义的建筑形式就像是多向度或不规则的几何形体叠合在一起，以往建筑造型中均衡、稳定的秩序被完全打破了，解构主义试图向和谐、稳定和统一的观念发出大胆挑战。

解构主义把整体破碎化，通过非线性或非传统几何的设计，来形成建筑元素之间关系的变形与移位，建筑元素的交叉、叠置和碰撞成为设计过程和结果。虽然建筑表面上似呈现某种无秩序状态，但内部的逻辑及思辨过程是清晰统一的。解构主义有着一套极为严谨的结构和设计构想。解构主义建筑将建筑创作中的那些隐匿的、潜在的或被迫从属的形式特征加强化，以正面的形式特征突出地展现在人们的面前。其强烈的个性化原则实际上是由它本身独特的性质决定的，因为解构主义是从结构上的改变，在加上新的反向思维设计理念，使其不同于其他建筑。

5.5.7 高层建筑立面设计现实要素应对策略

在现实设计中，基于我们的国情、社会经济文化发展现状，市场对我们的设计有着诸多限制，建筑师的创作要正视这些现实因素，不能闭门造车，脱离现实。

·投资控制——经济效益要素。

建筑是凝固的、投资巨大的、功能实用的"音乐"，高层建筑尤其要重视造价的控制。香港中银大厦通过建筑、结构创新获得极佳的艺术效果，同时造价节省，是高层建筑设计的成功典范。

·空间控制——城市规划要素。

高层建筑是我们城市建设规划控制的重点，要理解政府各部门对设计的种种要求，要综合开发商的利益和城市空间发展、管理的要求。

·风格控制——业主喜好要素。

高层建筑投资巨大，每一个业主都希望自己的建筑成为区域中心，建筑师应当站在专业的立场，"审时度势、瞻前顾后、因势利导"，重视引导业主完成一个与社会、自然、空间和谐的建筑作品。

·功能控制——使用要求要素。

一个好的设计是把复杂问题简单化，而不是把简单问题复杂化。年轻建筑师最大的通病是试图在一个设计中承载过多的东西，应该重视设计分析的过程，基于"设计积累"，找到设计的切入点，完成一个"实用、美观"的设计作品。

5.6 案例：舟山滨海国际大厦设计 2010.07-2011.06 建筑师：陈小军

【第一轮】

第一轮方案鸟瞰图

项目地处舟山环城东路南端临海处，靠近军队大院及数幢多层老旧住宅楼，用地狭窄而不规则。设计初期即确立了以简洁形体规划组合来重新定义、梳理城市区域环境的设计导则，试图通过本项目的规划建设对区域环境进行更新和升级，一方面为城市发展作出贡献，另一方面使建筑获得更大的经济价值。

第一轮方案设计草图、方案一和方案二透视图

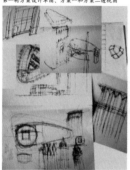

【第二轮】
　　第二轮方案探讨多层组合的可能性，试图把项目商业价值最大化。

区位

第二轮方案一形体组合示意图和参考方案。建筑区位分析图。

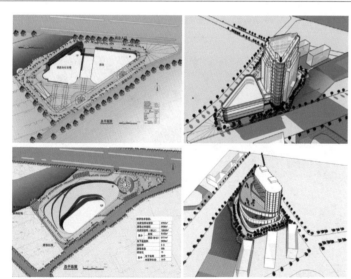

第二轮方案二、三总图及形体组合示意图

【第三轮】

第三轮方案总图、鸟瞰图、透视图及标准层平面图

【第四轮】

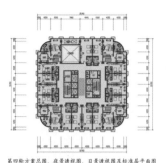

第四轮方案总图、夜景透视图、日景透视图及标准层平面图

【第五轮】

第三、第四、第五轮方案推敲建筑主体形态，三角形、方形、板式都做了概念方案设计，客房数量、客房景观质量、立体停车组合、日照、城市道路景观、出入便捷、主楼裙房功能组合合理性等都是设计思考要点。

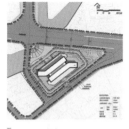

方案一标准层平面图

第五轮方案一总图、形体示意图、参考图及标准层平面图

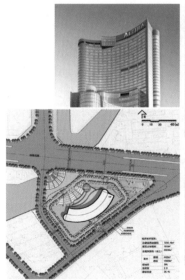

第五轮方案二总图、形体示意图、参考图

第五轮方案三总图、形体示意图、参考图

【第六轮】

　　第六轮方案是笔者最认同的设计方案，现代建筑风格挺拔大气又不失精致。最大化呼应环城东路端头建筑对景要求，最大化利用南向海景和日照，同时把建筑对西侧保留多层住宅建筑的影响减到最小。

第六轮方案总图、透视图及局部透视图

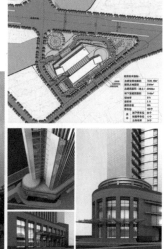

【第七轮】

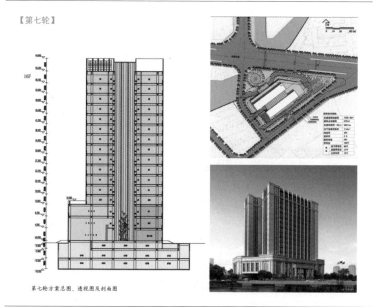

第七轮方案总图、透视图及剖面图

　　定稿方案应业主要求确定为欧式风格，石材干挂，顺延建筑星级宾馆的功能要求。

　　建筑平面简洁规整，走廊两端采光，围绕中庭布置，室内空间尺度亲切、环境明亮人性。

　　欧式建筑同样强调竖向线条，基座、主体、收头等各部位注重整体比例协调、细节线条精致。

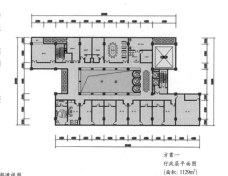

方案一
行政层平面图
(面积: 1129m²)

第七轮方案标准层（行政层）平面图及局部透视图

项目最终夜景透视图及日景透视图局部

第六章 深化——高层建筑设计分项要点

杭州钱江新城核心区块沿江效果图

图片来源：http://www.nipic.com/show/2/89/4898396k8672c91c.html

6.1 高层建筑消防设计

6.1.1 总平面布局和平面布置

一般规定：《建筑设计防火规范》GB 50016-2014 第 7.2.1 条规定高层建筑应至少沿一个长边或周边长度的 1/4 且不小于一个长边长度的底边连续布置消防车登高操作场地，该范围内的裙房进深不应大于 4m。

集中库：设在高层建筑内的汽车停车库，其设计应符合现行国家标准《汽车库、修车库、停车场设计防火规范》GB 50067—1997 的规定。

消防车道：高层建筑的周围，应设置环形消防车道。当设环形车道有困难时，可沿高层建筑的两个长边设置消防车道，当建筑的沿街长度超过 150m 或总长度超过 220m 时，应在适中位置设置穿过建筑的消防车道。

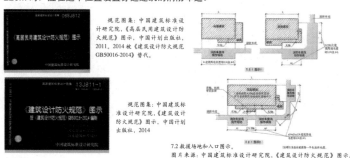

规范图集：中国建筑标准设计研究院，《高层民用建筑设计防火规范》图示，2011，2014被《建筑设计防火规范 GB50016-2014》替代。

规范图集：中国建筑标准设计研究院，《建筑设计防火规范》图示，中国计划出版社，2014。

7.2 救援场地和入口图示。
图片来源：中国建筑标准设计研究院，《建筑设计防火规范》图示，13J811-1 P171，中国计划出版社，2014。

6.1.2 防火分区与层数

一、二级耐火等级高层民用建筑的防火分区的最大允许面积为 1500m²；当建筑内设置自动灭火系统时，可增加 1.0 倍。

（相应规定见光盘附表）

5.3.3 条规定防火分区之间应采用防火墙分隔，确有困难时，可采用防火卷帘等防火分隔设施分隔。6.5.3 条规定当防火分区部位的宽度不大于 30m 时，防火卷帘的宽度不应大于 10m；当大于 30m 时，防火卷帘的宽度不应大于该宽度的 1/3，且不应大于 20m。

5.3.4 条规定一、二级耐火等级建筑内的商店营业厅、展览厅，当设置自动灭火系统和火灾自动报警系统并采用不燃或难燃装修材料时，其每个防火分区的最大允许建筑面积应符合下列规定：1. 设置在高层建筑内时，不应大于 4000m²；2. 设置在单层建筑或仅设置在多层建筑首层内时，不应大于 10000m²；设置在地下或半地下时，不应大于 2000m²。5.5.9 条规定一、二级耐火等级公共建筑防火分区两个直通室外的出口设置确有困难时，可以借用相邻防火分区的甲级防火门作为安全出口，但不超过本防火分区所需疏散宽度的 30%；但建筑面积大于 1000m² 的防火分区必须设 2 个直通室外的出口。

7.1.4 条规定有封闭内院或天井的建筑物，当内院或天井的短边长度大于 24m 时，宜设置进入内院或天井的消防车道。当建筑物沿街时，应设置连通街道和内院的人行通道（可利用楼梯间），其间距不宜大于 80m。

7.1.7 条规定供消防车取水的天然水源和消防水池应设置消防车道，消防车道的边缘距离取水点不宜大于 2m。

7.1.8 条规定消防车道应符合下列要求：1. 车道的净宽度和净空高度均不应小于 4.0m；2. 转弯半径应满足消防车转弯的要求；3. 消防车道与建筑之间不应设置妨碍消防车操作的树木、架空管线等障碍物；4. 消防车道靠建筑外墙一侧的边缘距离建筑外墙不宜小于 5m；5. 消防车道的坡度不宜大于 8%。

7.1.9 条规定环形消防车道至少应有两处与其他车道连通。尽头式消防车道应设置回车道或回车场，回车场面积不应小于 12m×12m。对于高层建筑，不宜小于 15m×15m；供重型消防车使用时，不宜小于 18m×18m。

消防车道的路面、救援操作场地、消防车道和救援操作场地下面的管道和暗沟等，应能承受重型消防车的压力。消防车道可以利用城乡、厂区道路等，但该道路应满足消防车通行、转弯和停靠的要求。

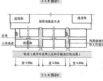

进入封闭内院或天井消防车道及人行通道图示。
图片来源：中国建筑标准设计研究院，《建筑设计防火规范》图示，北京：中国计划出版社，2014：P167.

5.3.2 条规定建筑设置自动扶梯、敞开楼梯等上下层相连通的开口或中庭时，其防火分区的建筑面积应按上、下层相连通的建筑面积叠加计算；当超过规定的相应一个防火分区面积时，应采用 4 项措施。

（相应规定见光盘附表）

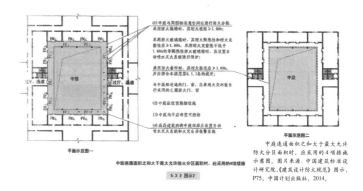

中庭连通面积之和大于最大允许防火分区面积时，应采用的4项措施示意图。图片来源：中国建筑标准设计研究院，《建筑设计防火规范》图示，P75，中国计划出版社，2014。

6.1.3 安全疏散和消防电梯
· 防烟楼梯间和封闭楼梯间

5.5.12 条规定一类高层公共建筑和建筑高度大于 32m 的二类高层公共建筑，其疏散楼梯应采用防烟楼梯间。

裙房和建筑高度不大于 32m 的二类高层公共建筑，其疏散楼梯应采用封闭楼梯间。

（相应规定见光盘附表）

直通疏散走道的房间疏散门至最近安全出口的距离图示。
图片来源：中国建筑标准设计研究院，《建筑设计防火规范》图示，P111，中国计划出版社，2014。

（相应规定见光盘附表）

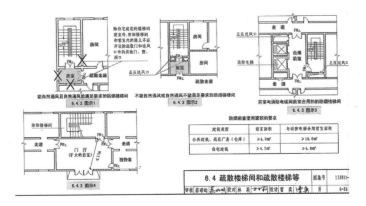

封闭楼梯间图示。
图片来源：中国建筑标准设计研究院，《建筑设计防火规范》图示，P147，中国计划出版社，2014。

· 疏散楼梯间应符合下列规定：

1. 楼梯间应能天然采光和自然通风，并宜靠外墙设置。靠外墙设置时，楼梯间、前室及合用前室外墙上的窗口与两侧门、窗、洞口最近边缘的水平距离不应小于 1.0m；

2. 楼梯间内不应设置烧水间、可燃材料储藏室、垃圾道；

3. 楼梯间内不应有影响疏散的凸出物或其他障碍物；

4. 封闭楼梯间、防烟楼梯间及其前室不应设置卷帘；

5. 楼梯间内不应设置甲、乙、丙类液体管道；

6. 封闭楼梯间、防烟楼梯间及其前室内禁止穿过或设置可燃气体管道。敞开楼梯间内不应设置可燃气体管道，当住宅建筑的敞开楼梯间内确需设置可燃气体管道和可燃气体计量表时，应采用金属管和设置切断气源的阀门。

· 疏散距离

5.5.17 条规定公共建筑的安全疏散距离应符合右图规定。

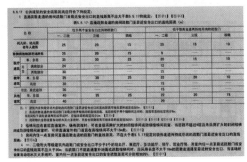

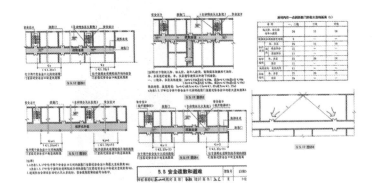

5.5.17 公共建筑的安全疏散距离应符合规定的图示。
图片来源：中国建筑标准设计研究院，《建筑设计防火规范》图示，P112，中国计划出版社，2014。

·疏散宽度

5.5.18 除本规范另有规定外，公共建筑内疏散门和安全出口的净宽度不应小于0.90m，疏散走道和疏散楼梯的净宽度不应小于1.10m。高层公共建筑内楼梯间的首层疏散门、首层疏散外门、疏散走道和疏散楼梯的最小净宽度应符合表5.5.18的规定。

表5.5.18 高层公共建筑内楼梯间的首层疏散门、首层疏散外门、疏散走道和疏散楼梯的最小净宽度（m）

建筑类别	楼梯间的首层疏散门、首层疏散外门	走道		疏散楼梯
		单面布房	双面布房	
高层医疗建筑	1.30	1.40	1.50	1.30
其他高层公共建筑	1.20	1.30	1.40	1.20

5.5.21 除剧场、电影院、礼堂、体育馆外的其他公共建筑，其房间疏散门、安全出口、疏散走道和疏散楼梯的各自净宽度，应符合下列规定：

每层的房间疏散门、安全出口、疏散走道和疏散楼梯的各自总净宽度，应根据疏散人数每100人的最小疏散净宽度不小于表5.5.21-1的规定计算确定。当每层疏散人数不等时，疏散楼梯的总净宽度可分层计算，地上建筑内下层楼梯的总净宽度应按该层及以上疏散人数最多一层的人数计算；地下建筑内上层楼梯的总净宽度应按该层及以下疏散人数最多的一层的人数计算。

表5.5.21-1 每层的房间疏散门、安全出口、疏散走道和疏散楼梯的每100人的最小疏散净宽度（m/百人）

表5.5.21-2 商店营业厅内的人员密度（人/㎡）

·消防电梯

7.3.1 下列建筑应设置消防电梯：
1. 建筑高度大于33m的住宅建筑；
2. 一类高层公共建筑和建筑高度大于32m的二类高层公共建筑；
3. 设置消防电梯的建筑的地下或半地下室，埋深大于10m且总建筑面积大于3000㎡的其他地下或半地下建筑（室）。

7.3.2 消防电梯应分别设置在不同的防火分区内，且每个防火分区不应少于1台。相邻两个防火分区可共用1台消防电梯。

消防电梯间前室面积要求

7.3.5 图示1
消防电梯7.3.5 消防电梯前室条款图示。
图片来源：中国建筑标准设计研究院，《建筑设计防火规范》图示，P174，中国计划出版社，2014。

应设置消防电梯的建筑

消防电梯7.3.1、7.3.2 条款图示。图片来源：中国建筑标准设计研究院，《建筑设计防火规范》图示，P173，中国计划出版社，2014。

7.3.1 图示

两个防火分区共用1台消防电梯平面示意图
7.3.2 图示

6.2 高层建筑标准层设计
——以舟山中浪大厦D座为例

舟山中浪大厦D座总用地面积11618㎡；总建筑面积50989㎡，其中地上建筑总建筑面积42448㎡，地下建筑面积8541㎡。主楼高度26层，建筑檐口高度97.8m。

设计目标：
1. 典雅、现代、开放的建筑格调。
2. 挺拔、庄重、简洁的形态意匠。

舟山中浪大厦D座西南侧自景透视图
照片：陈小军摄，2014.05.

6.2.1 高层建筑标准层概念和类型

高层建筑塔楼空间由重叠的水平空间与垂直空间构成。截取这种水平面和垂直体交汇处的任一单元段，即得到所谓的标准层。不同功能的高层塔楼，便有不同空间组合的标准层。

高层办公建筑标准层空间体系包括办公空间、交通联系空间、卫生服务空间、设备空间。（卫生器具的数量应按各层办公楼核定人员指标计算，并符合《工业企业设计卫生标准》GBZ 1-2010的规定）

根据办公室的功能要求、办公室行为特点，办公室一般存在以下四种空间类型与之相适应：细胞型空间、小组型空间、开放型空间、景观型空间。

根据审美心理要求、建筑功能要求、管理使用要求、基地状况要求、环境气候要求、技术条件要求等不同，高层办公建筑标准层平面形式包括塔型平面、板型平面、交叉型平面。

根据采光要求、市场需求、防火要求、结构要求、人均面积要求、标准层平面利用率要求来确定标准层平面规模。

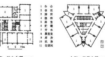

高层建筑核心筒搜集。图片来源：建筑设计资料集4.

6.2.2 高层建筑核心体设计

核心体是高层建筑向高空发展的最基本的结构构件。通常为纵、横交错的剪力墙围合成的简体。核心体也是高层建筑重要的功能空间，通常布置以下内容：

1. 垂直交通与疏散系统：电梯厅、电梯（客梯、货梯、消防电梯）、楼梯间、走道。

2. 设备空间：指与主要使用空间相关的各种设备空间，如水箱、强弱电配电房、小型空调机房以及水、电、暖通的各种管道井等。

3. 服务空间：如洗手间、垃圾间、开水间、服务台等房间。

核心体在标准层中的位置关系分为：中心核心体、单侧核心体、双侧核心体、体外核心体。

· 电梯数量

电梯是高层建筑主要的垂直交通工具，电梯的选用及其在建筑物中的布局对整个大楼的正常使用及提高效率都有相当大的影响。

电梯数量的确定是个十分复杂的问题，它涉及高层建筑的性质、建筑面积、层数、层高、各层人数、高峰时期人员集中率、电梯停层方式、载重量、速度和控制系统等多种因素。

图片来源：刘建荣.《高层建筑设计与技术》.北京：中国建筑工业出版社，2005.05：P169.

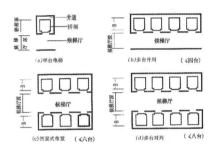

(a) 单台电梯　(b) 多台并列《四台》

(c) 凹室式布置《六台》　(d) 多台对列《八台》

电梯厅的基本布置方式

6.2.3 高层建筑电梯数量确定

· 估算法：

根据建筑的性质、规模、标准层面积及特征等一系列因素，估算出电梯数量。

1. 高层办公楼电梯数量的估算：高层办公楼按每3000~5000m²一部客梯进行估算，而服务梯（货梯、消防梯）按梯数的1/3~1/4进行估算。从客梯服务的方便舒适程度看，经济型高层办公楼每5000m²左右设一部客梯；常用型的办公楼每4000~4500m²设一部客梯；舒适型办公楼每3000~4000m²设一部客梯；因此，上述估算中，档次高、层数多的高层办公楼取高限，反之取低限。

2. 高层旅馆电梯数量估算：高层旅馆电梯数量估算一般取决于客房的数量，常按每100间标准间一部客梯进行估算，服务梯按客梯总数的30%~40%估算。

3. 高层住宅电梯数量估算：高层住宅电梯数量与住宅户数和住宅档次有关。经济型住宅每部电梯服务90~100户以上，常用型住宅每部电梯服务60~90户，舒适型住宅每部电梯服务30~60户。同时电梯的数量必须满足我国住宅设计的有关规定：18层及以下的高层住宅或每层不超过6户的18层以上的住宅设2部电梯，其中一部兼做消防电梯；18层以上（高度100m以内）每层8户和8户以上的住宅设3部电梯，其中一部兼作消防电梯。电梯载重量一般为1000kg，速度多为低速、中速。（小于2m/s为低速，2~3.5m/s为中速，大于3.5m/s为高速）

· 统计参照法：

统计参照法即对已建成的规模、层数相当的办公楼进行调研，针对其电梯使用情况加以分析比较，确定新设计建筑的电梯规模，包括电梯数量、载重量、电梯速度等等。

从运行效率、缩短候梯时间以及降低建筑费用与良好的空间环境来考虑，电梯应集中设置，组成电梯厅。其位置应布置在门厅中容易看到的地方，并使各使用部门的步行路径便捷、均等。电梯厅的面积与电梯数量、布置方式有直接的关系。当建筑超过一定层数时，为了提高电梯的运载能力与运行速度，减少人在轿厢内的停留时间，提高运行效率，电梯应分区运行。分区一般按每15层左右作为一区。

6.2.4 高层建筑标准层多形态案例

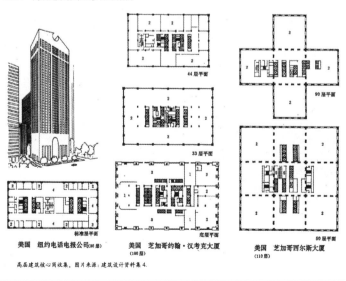

44层平面

33层平面

标准层平面

底层平面

美国 纽约电话电报公司《35层》

美国 芝加哥约翰·汉考克大厦《100层》

美国 芝加哥西尔斯大厦《110层》

90层平面

50层平面

高层建筑核心筒收集. 图片来源：建筑设计资料集4.

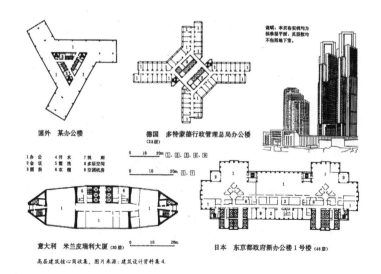

国外 某办公楼

德国 多特蒙德行政管理总局办公楼《23层》

说明：本页各实例均为标准层平面，其层数均不包括地下室。

1 办公　4 开水　7 挑廊
2 会议　5 盥洗　8 多层空间
3 厕所　6 衣帽　9 空调机房

意大利 米兰皮瑞利大厦《30层》

日本 东京都政府新办公楼1号楼《48层》

高层建筑核心筒收集. 图片来源：建筑设计资料集4.

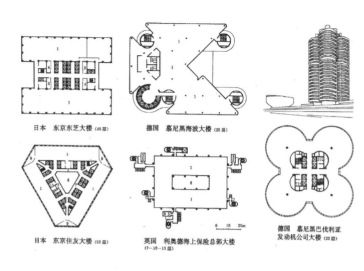

日本 东京东芝大楼（40层）

德国 慕尼黑海波大楼（25层）

日本 东京住友大楼（52层）

英国 利奥德海上保险总部大楼（7-10-13层）

德国 慕尼黑巴伐利亚发动机公司大楼（22层）

高层建筑核心筒收集。图片来源：建筑设计资料集 4.

案例：大崎索尼城

案例图片来源：《AC 建筑创作，日建设计 2013 年末专辑》。国内统一刊号：CN11-3161/TU 邮发代号：82-884

大崎索尼城地处城市核心区，地上25 层，地下 2 层，建筑面积 124000m²。建筑形态充分结合建筑的标准层高效利用的功能要求，建筑形体为板式高楼。为减弱大板楼对周边环境的影响，采用了一系列生态措施。

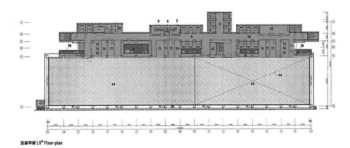

五层平面 \ 5ᵗʰ Floor plan

标准层把所有辅助功能置于一侧，在最好的朝向一侧获得使用高效的无柱大空间。

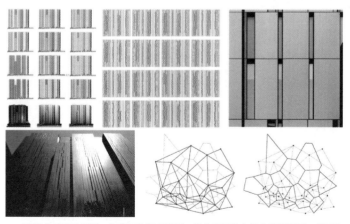

建筑由于用地所限，为东西向板式高层。把交通设施布置在建筑西侧，为西立面少开窗提供可能，阻挡西晒；交通体在立面上的进退形成凹凸，也弱化了大板楼的体量对周边环境的压迫感。基于 BIM 技术，利用数学中的泰森多边形（细胞的膨胀）原理计算出不同种类的树所需要的最大面积，规划建筑西侧的树木种类和形态，让植被达到最大效益。

建筑东侧布置散热"水百叶"——管状高保水性赤陶百叶，百叶管利用BIM作可行性测试，并推敲确定最高效的截面形状。利用BIM分析确定热工效率最高点的百叶间距。水循环时候，一定量的水分渗出表面汽化吸热，达到降温的目的，也减弱了建筑对周边环境的热辐射。在南侧布置太阳能电池板。

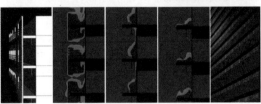

·6.2.5 高层建筑标准层防火要求

1. 安全疏散要求

我国《高层民用建筑设计防火规范》GB50045—1995中关于办公楼的安全疏散有以下规定：

1）房间门至最近的外部出口或楼梯间的最大距离，位于两个安全出口之间的房间为40m；位于单行走道两侧或尽端的房间为20m。2）大空间办公室内任何一点至最远的疏散口的直线距离应≤30m。

2. 防火分区要求

高度超过50m或重要办公楼（属一类高层），每个防火分区最大面积为1000m²。

高度不超过50m的普通办公楼（属二类高层），每个防火分区最大面积为1500m²。

设有自动灭火系统的防火分区，其最大建筑面积可增加一倍。

根据防火分区的要求，通常标准层只分为一个防火分区，若盲目扩大面积，将标准层分为两个防火分区，则徒然增加交通面积和消防电梯数量，造价也会随之增加。

高层建筑核心筒收集。图片来源：
建筑设计资料集4.

·6.2.6 高层办公建筑柱网选择与吊顶空间高度

高层办公建筑平面空间应符合现代办公要求，一般采用大空间和可灵活分隔的布置方式。

框架-剪力墙结构、框架-筒体结构是高层办公建筑常用的结构形式。

柱网尺寸选择应考虑：柱网车位数目、梁的结构高度。

确定吊顶内部空间高度需考虑：梁板高度为700mm左右；空调主干管的高度应包括保温层的厚度，一般应≥400mm；喷淋管一般位于风道上方，并预留大于250mm的空间；电线桥架一般设于风道下方，高度以200mm为宜，不应小于150mm；有的设备管线（如风道）不能紧贴板底安装空间，故一般需留100～150cm的安装高度。

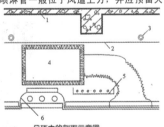

吊顶内的剖面示意图
1—结构楼板；
2—结构主梁下皮标高；
3—消防喷淋于管可穿梁；
4—主风道连同保温层高度；
5—电缆桥架；
6—灯具嵌入吊顶的总高度

图表来源：刘建荣.《高层建筑设计与技术》，北京：中国建筑工业出版社，2005.05：P27，P126.

·6.2.7 标准层平面图（建筑工种）

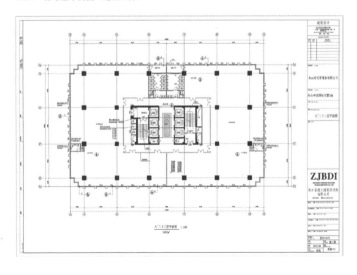

·6.2.8 标准层管井平台等现场照片

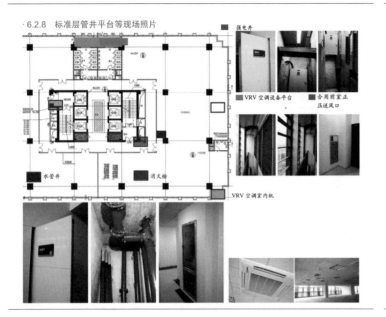

强电井

VRV 空调设备平台 合用前室正压送风口

水管井 消火栓

VRV 空调室内机

6.2.9 中央空调系统设计与裙房及主体屋顶相应设备布置（暖通工种）

1. 空调冷热源

裙房部分设置独立的空调冷热源，在裙房屋顶设置 3 台额定制冷量为 530kW、额定制热量为 570kW 的风源螺杆式冷热水机组。夏季空调供回水温度为 7/12℃，冬季空调供回水温度为 45/40℃。主楼部分采用多联中央空调（热泵）系统，其中 4～7 层空调室外机放于裙房屋顶、8～22 层空调室外机分别放于本层室外平台、23～26 层放于主楼屋顶。裙房为异程双管制水系统。水系统均分层设置计量系统，并辅以水力平衡阀对空调水系统进行调节。

2. 空调风系统

裙房门厅、商业等大空间的房间均采用一次回风的全空气空调系统，并配以电动变流态风口下送风，集中回风，空调机组设于各层的空调机房内，均设有新风阀。部分小分隔空间采用风机盘管加新风的空调方式，吊顶内水平敷设新风管，将经过热湿处理的新风直接送入各房间。

主楼各层办公室采用多联中央空调（热泵）系统，新风采用全热交换器。

3. 通风系统

·地下层：地下水泵房、变配电间等各设备用房均设有机械通风系统，通风量按 10 次 /h 计算，排风集中排放。地下汽车库设有机械排风系统，排风量按 6 次 /h 计算，并经竖向管井至屋顶排放，补风为机械送风或利用车道自然补风。

·地上部分：各层卫生间均设有机械排风系统，排风量按换气 10 次 /h 计算，排风集中排放。

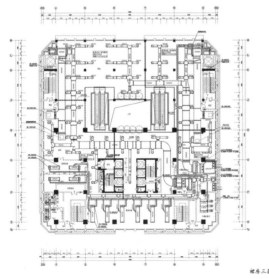

裙房三层空调通风平面图（暖通工种）

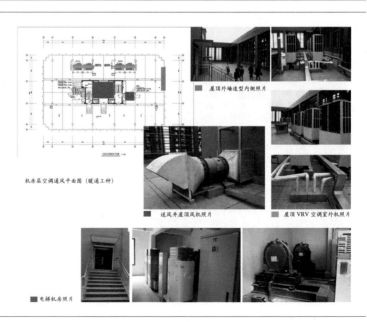

机房层空调通风平面图（暖通工种）

屋顶外墙造型内侧照片

■ 送风井屋顶风机照片　　■ 屋顶 VRV 空调室外机照片

■ 电梯机房照片

6.3 高层建筑地下室设计
——以舟山中浪大厦 D 座为例

舟山中浪大厦 D 座地下室建筑面积 8541m²，使用功能多样，包含地下汽车库、非机动车库、设备用房与平战结合人防工程。地下汽车库共有 217 个车位，为 Ⅱ 类地下汽车库。车库柱网布置规整，部分车位可根据实际需要扩展为双层机械车位。汽车库设有一个双车道，并设一个联通口跟 A、B、C 座地下室联通。

平战结合人防工程结合汽车库进行设计，属甲类核 6 级二等人员掩蔽所，本工程共设 2 个防护单元。

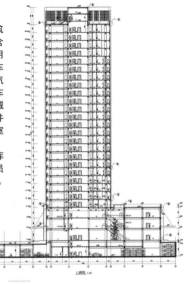

舟山中浪大厦 D 座剖面图
案例图片来源：
设计图纸来自舟山中浪大厦 D 座项目方案至施工图设计成果。设计师：陈小军，张翔等。

6.3.1 地下车库规模

地下车库是否拥有足够的停车位，将直接影响高层建筑自身的经济效益与运转效率。高层建筑对停车位的需求主要由其功能性质确定。高层建筑内不同功能空间的停车需要量所占比例和使用高峰时段不同。由于办公、商场的停车位使用多在白天，酒楼、剧院的停车位使用多为傍晚，若二者比例相当，则对应不同功能单元的车位可相互调节，提高利用率，使停车位总量可适当减少；地面停车和地下停车的比例要合理，目前我国一般控制地面车位为总停车位的 10%～20%。

6.3.2 地下车库的防火设计

汽车库的防火分类是按停车数量多少来划分的，根据《汽车库、修车库、停车场设计防火规范》GB50067-1997，车库防火分为四类。

同时，《汽车库，修车库，停车场设计防火规范》GB 50067-1997 规定地下车库的耐火等级应为一级；规定地下车库不设自动灭火系统时，其防火分区最大建筑面积为 2000 ㎡，设有自动灭火系统时，其防火分区最大建筑面积可增加一倍，为 4000 ㎡。地下车库室内疏散楼梯应设置封闭楼梯间，其与室内最远工作点的距离不应超过 45m；当设有自动灭火系统时，其距离不应超过 60m。

车库的防火分类（包括地下车库）

名称	数量 类别	Ⅰ	Ⅱ	Ⅲ	Ⅳ
汽车库		＞300辆	151～300辆	51～150辆	≤50辆
修车库		＞15车位	6～15车位	3～5车位	≤2车位
停车场		＞400辆	251～400辆	101～250辆	≤100辆

图表来源：刘建荣.《高层建筑设计与技术》.北京.中国建筑工业出版社，2005.05: P199.

6.3.3 地下车库坡道设计

地下车库坡道的类型从基本形式上可分为直线坡道和曲线坡道；坡道在地下车库的位置取决于地下车库与地面之间的交通联系、库内水平交通组织方式、地面交通组织方式以及车库平面与基地平面的相互关系等因素。

曲线坡道应的纵坡应小于直线坡道，但不超过 12%，当坡道坡度大于 10% 时，在坡道上下方变坡位置应设置缓坡段。缓坡段的坡度为坡道坡度的 1/2，直线坡道缓坡段水平长度不应小于 3.6m，曲线坡道不应小于 2.4m。汽车库内中型车最小转弯半径为 6.0m。

车库的层高是车库净高及结构层高度之和，而车库净高应为汽车总高加上 0.5m 的安全距离。停放各种类型小轿车的地下车库净高在车位处应 ≥ 2.2m，通道处 ≥ 2.4m。

6.3.4 地下车库柱网选择

高层建筑依功能或层数不同分为三类柱网，即塔楼柱网、裙房柱网、地下车库柱网。柱网布置应尽量规整，结构合理，有利于充分利用空间。

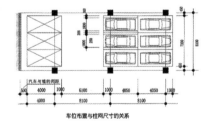

车位布置与柱网尺寸的关系

图表来源：刘建荣.《高层建筑设计与技术》.北京：中国建筑工业出版社，2005.05: P207, P241.

某高层建筑蓄水池、水泵房平面布置（位于地下二层）

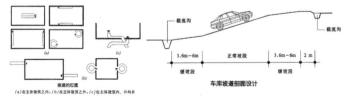

(a)在主体建筑之内；(b)在主体建筑之外；(c)在主体建筑内、外均有

坡道的位置

车库坡道剖面设计

图表来源：刘建荣.《高层建筑设计与技术》.北京：中国建筑工业出版社，2005.05: P202, P204.

6.3.5 地下车库建筑工种地下室平时平面图（局部剖面图）

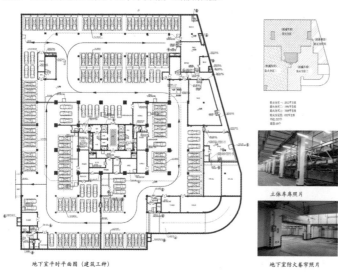

地下室平时平面图（建筑工种）

立体库照片

地下室防火卷帘照片

舟山中浪大厦D座一层层高为5.4m，二层、三层层高为4.8m，满足商业所需大尺度层高。大楼标准层层高为3.6m，满足各类管线布置需求，并保证办公室空间所需适宜净高尺度。地下室夹层层高2.8m，满足非机动车库净高要求；机动车库层高4.5m，局部层高5.8m及6.35m，满足立体车位净高要求。

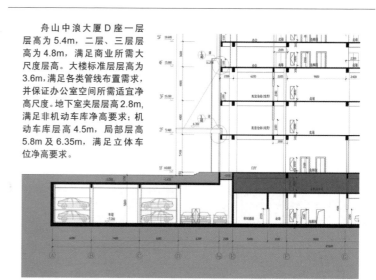

地下室局部剖面图（建筑工种）

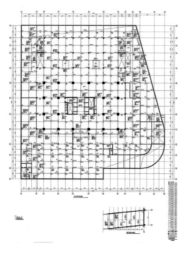

地下室照片

本工程地下室地面相对标高 -7.400m。基础选型：主楼下采用直径800mm钻孔灌注桩进入持力层深度，裙房采用直径800mm钻孔灌注桩进入持力层深度。抗侧力体系：地上为主楼26层高层建筑，采用现浇钢筋混凝土框架核心筒结构；地下室和裙房均采用现浇钢筋混凝土框架结构体系。建筑的屋盖及楼盖结构均采用现浇钢筋混凝土梁板体系。地下车库顶板厚度为180mm，人防地下室顶板厚度为250mm。

6.3.6 地下车库结构工种一层 X 向梁平法配筋图

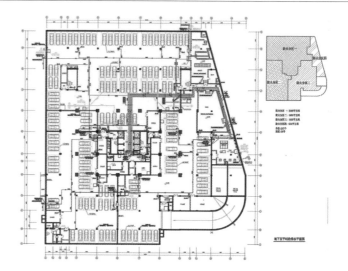

下室平时给排水平面图

6.3.7 地下车库给水排水工种设计

本工程最大日用水量为 165.3m³，最大时用水量为 21.3m³。一次消防用水量为 864m³。室外生活、消防给水分设给水管网。室外给水管网由区块西侧及北侧道路各引入一根 DN150 的给水管在红线范围内成环状布置，引入管上设置水表供室外消防用；另由区块北侧道路引入一根 DN100 的给水管，引入管上设置水表供生活用水。地下一层至地面三层生活用水、生活水池进水接自室外生活给水管网，消防水池进水、人防水箱进水接自室外消防给水管网。

本工程室外消防用水量 30L/s，火灾延续时间 3h，一次灭火用水量 324m³。本区块室外消防用水由红线内室外给水环管供给，沿消防车道合理布置室外消火栓，消火栓间距不大于 80m，距路边 2m，最大保护半径不超过 150m。整个系统为低压制，火灾时由城市消防车前来施救。

本地块污水就近排入西侧及北侧市政管网。室外采用雨污分流制。室外污水经化粪池处理后就近排入室外污水管。雨水就近排入地块北侧市政雨水管网。

地下室水泵房消防干管照片

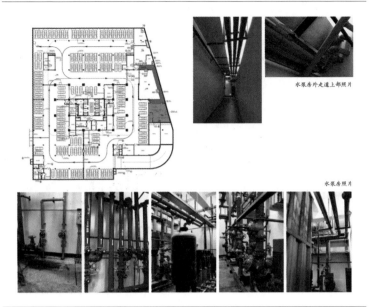

水泵房外走道上部照片

水泵房照片

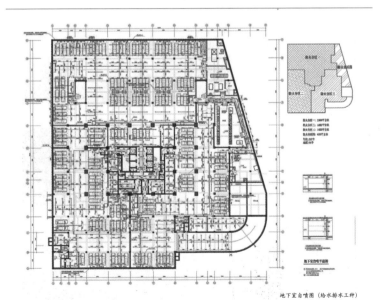

地下室自喷图（给水排水工种）

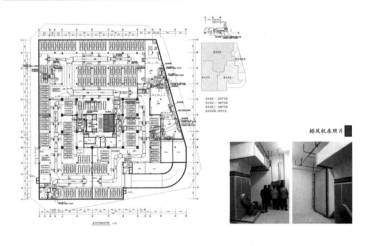

排风机房照片

6.3.8 地下室暖通工种平时通风图

6.3.9 地下车库电气工种设计

本工程为一类办公楼，为一类高层建筑。本工程内消防负荷、安保系统、通信系统等均为一级负荷。普通电梯、排污泵等用电设备也为一级负荷。其余均为三级负荷。本工程应由两路独立电源供电，供电电压为10kV。变配电所设在地下层，采用组合变电站形式。变压器选用干式变压器，高压开关柜和低压配电屏均采用无油开关，以利于消防安全。所有消防设备及一、二类负荷均采用两路电源供电，末端自动切换。应急灯和疏散指示灯采用自带电池作为备用电源。在地下一层设置一台800kW柴油发电机组作为一级负荷备用电源。

本工程的低压配电方式均采用以放射式和树干式相结合的混合型，主干线及大电流回路采用低压密集型封闭式母线，一般出线回路采用低烟无卤阻燃电缆，敷设于电缆桥架及强电竖井内，主楼每层设强电配电间。消防回路采用低烟无卤耐火电缆或矿物绝缘电缆。

弱电系统：①计算机网络系统；② PDS综合布线系统：结构化综合布线系统是物理载体，为大楼内计算机网络系统、语音通信系统等提供统一、高质量的传输线路，并考虑对将来扩充以及新系统的应用；③通信自动化系统（CAS）；④楼宇设备自动化系统；⑤安全防范系统，包括闭路电视监控系统、报警系统、巡更系统、门禁系统。

消控室、监控室照片

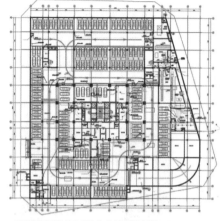

地下室消防平面图（电气工种）注：按当时消防规范设计。

电动机控制及启动方式：

消防水泵、防排烟风机均采用手动／自动控制方式，发生火灾时可在消防控制室手动／自动控制。所有电动机均采用直接起动方式。集水井排水泵采用液位自动控制。

火灾自动报警控制系统：

在一层设一消防控制中心，内设一套集中报警控制系统。在办公室、商场、地下车库、会议室、走道及各种重要机房均设置火灾自动报警装置。在各楼层的电梯前室、门厅等适当位置设置带对讲电话的手动报警按钮。每层设重复显示器。

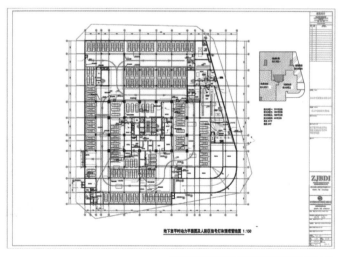

地下室平时动力平面图及人防区信号灯和预埋管线图（电气工种）

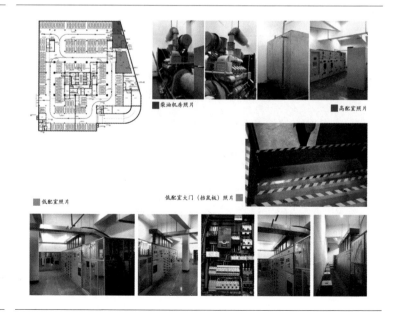

柴油机房照片　高配室照片　低配室大门（挡鼠板）照片　低配室照片

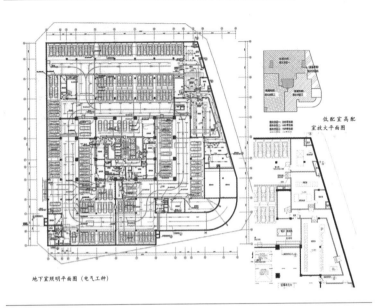

地下室照明平面图（电气工种）

6.4 高层建筑智能化设计要点

智能化大楼是一种新的建筑体系。美国智能大楼协会将其定义为："一幢大厦，通过对它的四个基本要素，即结构、系统、服务和管理进行最优化的考虑，从而为用户提供一个高效率和具有经济效益的工作环境。"

智能化办公楼一般应具有以下四个特征：

1. 办公自动化系统，一般包括三大子系统：能源管理系统、安全管理系统、物业管理系统；

2. 楼宇自动化系统；

3. 通信自动化系统；

4. 创造高质量的工作环境。

智能化建筑是指具备"3A"的建筑：

1. 办公自动化OA（Office Automation）系统；

2. 建筑设备自动化BA（Building Automation）系统；

3. 通信自动化系统CA（Communication Automation）系统。

广州IFC四季酒店中庭及客房内景。陈小军摄于2013.02

6.5 高层建筑生态设计要点

1. 建筑平面与体形系数：应根据基址周边环境情况和当地气象特征设计高层建筑的形状以获得最佳能效，建筑体形空间布局紧凑，功能流线便捷合理。

2. 朝向的选择：当地气候和基址内建筑的环境影响。

3. 建筑外界与双极控制：气候是由多种对立要素综合组成的，各种气候要素总是在舒适要求的两极之间摆动变化。建筑随着气候的变化，要面临采暖与制冷、通风与防风等相互矛盾的要求，因此建筑外墙应该结合被动系统、混合模式和主动系统的优化组合来加以设计。理想的外界应该是对气候的"用"和"防"的辨证统一，是有利于环境的过滤器。外墙应该像过滤器一样提供自然通风，控制交叉通风，提供对外景观，予以太阳光保护，调节风雨，在寒冷季节提供保温，在炎热的夏天提供通风、隔热，使得与外部环境有更直接的关系。双层立面系统是目前处理高层建筑外界面比较理想的手段。

4. 建筑采光：高层建筑在生态设计中的目标之一，是优化日光的使用，减少人工照明的耗能需求。先进的日光采集系统设计有以下方法：

1）通过将阳光反射至屋顶平面，日光可以到达比那些靠传统窗户或天窗采光更深的工作区域，但不增加窗户附近的日光强度；

2）通过利用相对小的进光区域有效传递日光，可以不对阳光辐射产生严重的制冷负荷，从而达到节省能耗的目的；

3）仔细设计阻挡阳光直射的系统，可以减少阳光直射导致的眩光和温度不适。

参考论文：与居住环境和谐发展的高层建筑生态设计分析探讨，http://www.docin.com/p-236103980.html

5. 使用自然通风：利用"烟囱效应"，新鲜空气可以进入到低楼层，在与冰冷的水泥地板相接触后进一步降温。随着空气升温，它也升温并最终从屋顶排出。通过利用封闭的中央庭院或中庭来使新鲜空气进入建筑内部并提供"预热"，这样可以减少能耗。另外，使用这种中庭的设计有利于自然通风，因为中庭的设计将改变进深过深的建筑形式，而在外立面上开窗，形成良好的交叉通风。然而，并非所有的建筑都要完全关闭和封闭，实际上冬夏季节应该注意避免过度通风和由于过度新鲜空气降温而导致的能量损失。所以，在高层建筑中，混合模式替代通风系统可以作为一种冬季保存能量的方式。

6. 被动制冷：被动制冷适用于各种简单的制冷技术，使建筑室内温度能通过自然能源的使用而降低。

1）舒适通风：主要是在白天提供直接通风的舒适感；

2）夜间通风降温：通过夜间通风降低建筑内部的温度，而在白天关闭建筑，从而降低室内白天的温度；

3）辐射降温：在夜晚通过屋顶散热，或利用特殊的屋顶散热器，用白天的冷能储藏，将获得的冷能量传送到建筑内部；

4）直接蒸发降温：机械或非机械蒸发空气降温，而将湿冷的空气引入室内；

5）间接蒸发降温：通过屋顶的蒸发降温，例如屋顶水池降低室内温度而不增加湿度；

6）外部空间降温：应用于外部空间的降温技术，如建筑旁的院子。

7. 室内环境的生态设计：提供有益健康的室内环境，并为使用者创造高质量的生活环境；保护环境，减少消耗；可以采用过渡空间与中庭的处理方法作为内外部的过渡空间。

案例：德国法兰克福商业银行

设计师：Norman Foster
建成年代：1997 年
层数：53
高度：298.74m
建筑面积：120736m²

法兰克福商业银行是世界上第一座高层生态建筑，也是全球最高的生态建筑。福斯特在当时充满严酷竞争的工业化和商业性的环境中顽强地推进自己的人性化设计理念，使建筑形体在强调对材料和结构率真表达的同时重视建筑的人性表达，强调建筑与周围环境的和谐和与城市文脉的整合，倡导绿色办公。他的生态化设计理念使大厦被冠以"生态之塔"、"带有空中花园的能量搅拌器"的美称。

德国法兰克福商业银行鸟瞰图。
图片来源：http://www.topenergy.org/download_393.html

· 形体生成

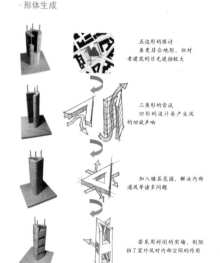

五边形的探讨
虽更符合地形，但对老建筑的日光遮挡较大

三角形的尝试
凹形的设计易产生风的回旋声响

加入错层花园，解决内部通风等诸多问题

若采用封闭的实墙，则阻挡了室外风时内部空间的作用

周边建筑肌理
旧银行裙楼
新银行主楼
新银行裙楼

总平面布局

大楼和商业银行旧楼毗邻而建，并对周边原有建筑进行了维护和完善。在新建筑和城市街区交接的部分，设计了新的公共空间——一个冬季花园作为过渡，在花园内设有餐馆、咖啡馆以及艺术表演和展示空间。大楼的裙房内设有综合性商场、银行和停车场。

· 结构解析

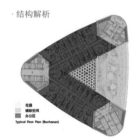

花园
辅助空间
办公区
Typical Floor Plan (Buchanan)

结构体系：

建筑平面为边长 64m 的等边三角形。其结构体系是以三角形顶点的三个独立框筒为"巨型柱"，通过 8 层楼高的钢框架"巨型梁"连接而围合成的巨型筒体系，具有极好的整体效应和抗推刚度。

结构形式与功能结合：巨型柱之间架设的空腹拱梁（"巨型梁"），形成三条无柱办公空间，其间围合出三角形中庭。

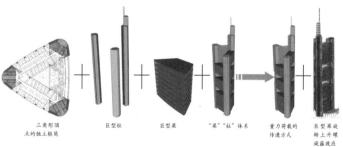

三角形顶点的独立框筒 ＋ 巨型柱 ＋ 巨型梁 ＋ "梁""柱"体系 ＋ 重力荷载的传递方式 ＋ 巨型梁旋转上升螺旋叠置效应

· 生态导向

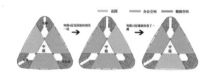

花园　办公空间　辅助空间

每隔4层花园就转到另一边
每隔12层楼就转移一圈

在三条办公空间中分别设置了多个空中花园，一座花园占了三角形平面的一个长边，有 4 层高，每隔 4 层花园就转到另一边，每隔 12 层楼就转移一圈。通过中庭和花园，将自然景观引入建筑内部，与内部环境相融合，建筑内部和外部的界限被弱化，室外的阳光和空气通过花园可以直接进入大厦中庭，让写字楼内工作的人有一种如同置身室外的感觉。

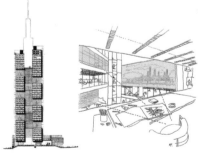

德国法兰克福商业银行空中花园视野照片。
图片来源 http://photo.zhulong.com/proj/detail5527.html

·采光通风

双层表皮设计

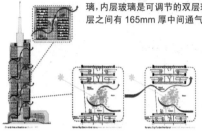

为了能够达到自然通风，福斯特设计了一个随气候变化调节的双层立面，外层玻璃是固定的单层玻璃，内层玻璃是可调节的双层玻璃，2层之间有165mm厚中间通气层。

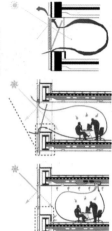

冬季：在寒冷的天气，计算机系统将关闭内层"皮肤"上的窗户，通过中庭来进行自然通风。

夏季：窗户打开，可以获得穿堂风，穿堂风可以从所有方向进来。

德国法兰克福商业银行采光通风分析图
图片来源：http://photo.zhulong.com/proj/detail5527.html

6.6 超高层建筑设计要点

超高层建筑是社会和经济高速发展的产物，我国《民用建筑设计通则》GB 50352-2005规定：建筑高度超过100m时，不论住宅及公共建筑均为超高层建筑。1972年8月在美国宾夕法尼亚的伯利恒市召开的国际高层建筑会议上，专门讨论并提出高层建筑的分类和定义：超高层（Ultra High-rise Building）建筑指40层以上，高度100m以上的建筑物。20世纪初，纽约的"大都会人寿保险公司大楼"（METROPOLITAN LIFE TOWER，50层，206m，1909年建成）是世界上第一幢高度超过200m的摩天大楼。

世界十大超高层建筑排名依次是（2010年度）：

·迪拜塔（哈利法塔迪拜，828m）
·广州塔（中国，600m）
·台北101大厦（中国，508m）；
·上海环球金融中心（中国，492m、101层）
·吉隆坡国家石油双塔（马来西亚，452m），
·南京紫峰大厦（中国，450m）；
·芝加哥西尔斯大厦（美国，442m）
·上海金茂大厦（中国，421m）；
·香港国际金融中心2期（中国，415m）
·广州中信广场（中国，391m）；
·深圳地王大厦（中国，384m）；
·纽约帝国大厦（美国，381m）

其中，8座在亚洲，7座在中国大陆及港台。目前中国在建的超高层建筑很多，包括：上海中心（约632m）、深圳平安金融中心（约668m）、广州东塔（约539m）、长沙国金中心（约432m）。

超高层办公建筑层数和标准层规模的确定要考虑建筑的使用效率，还要考虑建筑场地、投资规模、使用要求、建筑形体、体型美学等因素。综合上述因素，通常标准层的面积为2000～2500m²较为合适。

超高层建筑由于纵向交通的关系，所需核心筒面积较大，而标准层面积一味地控制在2000㎡以内，势必造成使用效率的降低，不经济，同时也不利于办公空间的布置。但如果平面规模过大，进深过大则内部交通流线组织、防火分区、疏散距离、建筑体形处理等将会出现问题。

办公室的尺度。根据使用功能、建筑规模、有效使用面积数、室内空间尺度的重组灵活性与实用性、自然采光的环境卫生、视觉空间感受等综合因素，超高层办公建筑的标准层房间进深尺度以10～15m为宜。

核心筒占标准层总面积的比例通常情况下为25%左右；当核心筒占比达到28%以上时，则表明有效使用面积在降低，其结果是不经济的，解决的方法有以下几种：

·电梯系统——提高电梯的运行速度，加大载重量；采用双轿厢系统，减少井道空间；采用区中区系统。

·疏散系统——两台消防电梯与疏散楼梯合用一个前室，可节省4.0m²。

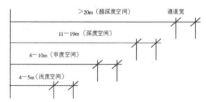

超高层标准层进深尺度分级示意图

避难层设置原则：起始高度为±0.00层，相隔楼层数宜为15层，宜结合电梯运行分区，避难层疏散楼梯应平行错开或分隔，电梯应上下分区设置，可设置空中大厅。

电梯系统布置：

电梯分区：单区系统，多用于10层左右且建筑面积不大的建筑；多区系统，当楼层超过20层以上时楼内竖向交通宜分区设置。

电梯不得计作安全出口；建筑物每个服务区单侧排列的电梯不宜超过4台，双侧排列的电梯不宜超过2×4台；电梯不应在转角处贴邻布置。

总平面消防：应有便捷的消防环路、消防登高面。可设屋顶直升机停机坪作为屋顶救援；屋顶停机坪设计：圆形时场地应为D（旋翼直径）+10m，矩形时短边宽度不应小于直升机的全长。

立面设计：超高层建筑是城市空间的核心，是城市形象的标志物，对新材料新结构研发和运用乃至对城市生活、居住理念等都产生深远影响。超高层外形设计要注重其形态与尺度，体量与风格，要符合城市的性格与气质。合理处理建筑体量组合和比例尺度，降低超高层建筑对环境的压迫；精心设计庭院廊道、材质质感、色彩照明，注重设计的人性化空间营造。

广州珠江新城西塔照片，陈小军摄于2013.02

6.7 案例：邵阳湘邮大厦——宝京汇建筑规划设计方案

2012.01-2013.08 建筑师：陈小军 张翔 徐腾 黄晓峰

区位分析

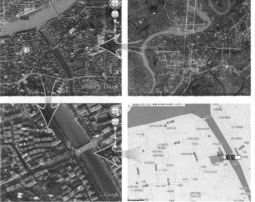

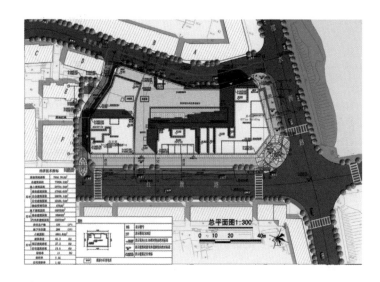

项目区位分析图

总平面图1:300

鸟瞰图

项目地处城市商业街红旗路的黄金地段，底层商铺售价在15万元／m²以上。但用地条件极为苛刻，周边建筑情况复杂，相当拥挤。

建筑设计首先要顺应城市对建筑的要求，要重点处理青龙桥节点的建筑形象，合理规划人流、车流、货流等多种流线，合理组合回迁住宅、回迁办公、回迁商业和销售住宅、办公、商业及停车等不同功能单元；还要协调建筑中两个不同业主的独立运作要求。

项目的设备设计相对复杂，总规模并不大的建筑由两个业组组成，后期分开独立运行，需设立两套设计体系，但设备空间极为有限，需要设计师在不影响后期分开管理的基础上适当合并部分设施。

停车库设计做到地下四层，车道的合理设置直接影响车库的停车效率和效益。

夜景透视图

汤营委井巷商业透视图

商业入口透视图

商业透视图

交通分析图

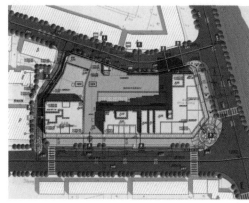

消防分析图

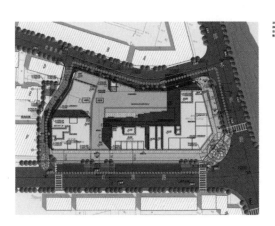

综合管线图

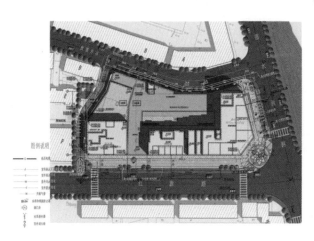

图例说明

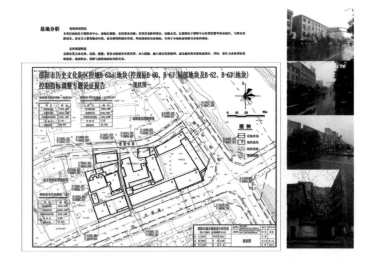

第七章　整合——高层建筑结构设计与设备设计

图片来源：http://www.ivsky.com/bizhi/new_york_v16697/pic_380985.html#pic_tit

7.1 结构设计概述

7.1.1 结构艺术

结构艺术包含着 3 个基本要素：效能、经济和雅致。

结构的效能，主要应考虑充分发挥结构材料的力学性能，有效减少结构材料的消耗，达到"少费多用"的目的。对于轻质高强材料的追寻和合理使用也始终贯穿于建筑结构发展的整个历程。

结构的经济性，就是要求用较少的钱建尽可能多的建筑；同时必须补充雅致这个要素，即用美学的原则来表现结构，使结构物升华为结构艺术。建筑师需要熟练掌握和运用结构原理，重视结构原理的构思过程，以便在建筑创作构思过程中，综合处理好功能、技术、艺术、经济等方面的矛盾。

香港中银大厦，具有大型支撑筒体系和框筒束体系的双重特征。设计者将汉考克大厦对角支撑的思路和西尔斯大厦分段截割筒体的思路独创地集聚在一起，巧妙地解决了超高层建筑抵抗侧向力的问题，并将含蓄深沉的建筑隐喻同抽象简洁的建筑造型完美结合，使建筑获得了效能、经济与雅致的统一。

芝加哥汉考克大厦照片。
图片来源：http://photo.blog.sina.com.cn/list/blogpic.php?pid=4ba594e0x974b8a0400b5&bid=4ba594e00100nct9&uid=1269142752
香港中银大厦。
图片来源：http://www.cxtuku.com/

芝加哥汉考克大厦是结构艺术的典范，344m 高的大厦平面为矩形，采用平顶椎体收分造型，基座为 80.8m x 50.3m 的矩形平面，屋顶平面尺寸减少至 50.3m x 30.5m。从技术上看，大厦四个立面上的共 20 个 X 形支撑与角柱、水平窗和群梁共同组成了高效的建筑抗侧力系统，使得该建筑的用钢量得以大大减少，远低于其他类似建筑，如它的单位面积用钢量就比纽约世界贸易中心减少 20%。而且，它的椎体造型使它的侧移幅度比同类塔楼减少 10%~15%。它是高技派的先驱之一，造型及立面的处理充分表现了对结构性能的深刻掌握，表现了工业时代特有的准确性和逻辑性。

美国明尼阿波利斯市的明尼苏达联邦储备银行，建成于 1974 年，平面呈长方形，体量为简洁的棱柱体，是世界上较早的悬挂结构高层建筑。大厦 12 层楼的荷载通过吊杆悬挂在四榀高为 8.5m、跨度为 84m 的桁架大梁上，并采用两条工字型钢作为悬链，对悬挂体系起辅助稳定作用。桁架大梁支撑在端部的两个巨大筒体上，从而在建筑底部形成了一片完全开敞的场地。

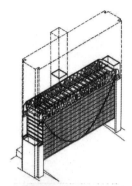

美国明尼阿波利斯市的明尼苏达联邦储备银行结构示意图和照片。
图片来源：http://tupian.baike.com/a0_47_10_0100000000000001190810552648847_jpg.html

7.1.2 高层建筑结构设计的特点及发展趋势

一、高层建筑结构的内力与变形

高层建筑整个结构单元的简化计算模型就是一根竖向悬臂梁，受竖向荷载和水平荷载的共同作用。

1. 水平荷载成为决定因素（强度设计）。对某一高度的高层建筑来讲，竖向荷载大体上是定值；而作为水平荷载的风荷载和地震作用，其数值随高层建筑结构动力特征的不同而有较大幅度的变化，因此水平荷载的作用更显突出。

2. 侧移成为控制指标（刚度设计），是高层建筑结构设计中的关键因素。结构顶点的侧移 $\triangle$ 与建筑高度 H 的 4 次方成正比。

3. 结构在维持一定承载力的前提下，需要有承受较大塑性变形的能力，称为结构的延性。

二、构件的基本形式

结构体系的构件有 3 种基本形式：线性构件、平面构件和立体构件。立体构件具有大得多的侧向刚度和较大的抗扭刚度，在水平荷载作用下所产生的侧移值较小，因而特别适用于高层建筑结构。立体构件是框筒体系、筒中筒体系、框筒束体系、支撑框筒体系和大型支撑筒体系中的基本构件。

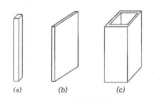

图 1-2-2 构件的基本形式
(a)线形构件；(b)平面构件；(c)立体构件

图片来源：刘建荣.《高层建筑设计与技术》.北京：中国建筑工业出版社，2005.05：P6.

三、高层建筑结构布置原则

1. 结构平面布置

在满足建筑功能的前提下，结构平面布置应简单、规则、对齐、对称，力求使平面中心与质量中心重合，或尽量减少两者之间的距离，以降低扭转的不利影响。从抗震设计的要求出发，宜采用方形、矩形、圆形、Y 形、△形等建筑平面。从抗风设计的要求出发，建筑平面宜采用风荷载体形系数较小的形状，如圆形、椭圆形和各种弧线形状等。

2. 结构竖向布置

结构的侧向刚度沿竖向应均匀变化，由下至上逐渐减小，不发生突变，尽量避免夹层、错层、抽柱及过大的外挑和内收等情况。

3. 高宽比的限制

控制建筑高宽比，即建筑总高度与建筑平面宽度的比值。

四、高层建筑结构体系的适用范围

结构体系与建筑内部空间相辅相成，在建筑方案设计阶段，应考虑建筑使用功能对内部空间的需求，并结合其他条件综合考虑，确定一种实用、经济、有效的结构体系。不同的结构体系适用不同的设计高度。

常用结构体系所能提供的内部空间

结构体系	框架	承重墙	框-墙	框筒	筒中筒	框筒束
结构平面	∷∷∷	‖‖‖‖	∷‖∷	□	◎	⊞
建筑平面布置	灵活	限制大	比较灵活	灵活	比较灵活	灵活
内部空间	大空间	小空间	较大空间	大空间	大空间	大空间

图表来源：刘建荣.《高层建筑设计与技术》.北京：中国建筑工业出版社，2005.05：P9.

五、高层建筑结构的发展趋势

在 21 世纪,高层建筑继续向着更高的高度、更大的体量和更加综合的功能发展,为了进一步节约材料和降低造价,结构设计概念在不断更新,呈现出以下几种发展趋势:

1. 竖向抗推体系支撑化、周边化、空间化

由于水平荷载成为高层建筑结构设计的控制性因素,为抵抗各种水平力,高层建筑抗推体系有一个从平面体系发展到立体体系的演化过程,即从框架体系到剪力墙体系,再到简体体系。但随着建筑高度的不断增加、体量的不断加大以及建筑功能的日趋复杂,即使是空心简体体系也因为其固有的剪力滞后效应而满足不了要求,于是在框简中增设支撑,或斜向布置抗剪力墙板成为强化空心简体的有力措施。美国芝加哥翁泰雷中心就是结构支撑化的典型范例。

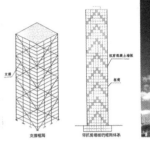

图片来源:刘建荣.《高层建筑设计与技术》. 北京:中国建筑工业出版社,2005.05:P11.

2. 建筑体形的革新变化

随着结构分析水平的提高,高层建筑的体形也越来越丰富。联体结构将各独立建筑通过连接体构成一个整体,使高层建筑结构特征由竖向悬臂梁改变成为巨型框架,从而刚度得到提高,振动周期变短,侧移减小,需要进行详细的结构受力分析。

1993 年建成的日本大阪市梅田大厦是抗震设计的典型联体结构。它在两座高层建筑的顶部设置了钢结构的屋顶花园作为连接体。该连接体在地面组装,整体提升,安装就位。梅田大厦进行了详细的三维空间结构分析,结果表明其自振周期缩短,结构内力和位移降低了约50%。

控制高层建筑结构的高宽比,是对结构刚度、整体稳定、承载能力和经济合理性的宏观控制。

3. 运用轻质高强材料

高层建筑运用轻质高强材料已经越来越多,如高强混凝土、轻骨料混凝土、高性能混凝土等。

日本大阪市梅田大厦照片。
图表来源:http://sandu.info/osaka/details.php?id=38

7.2 钢筋混凝土结构体系

钢筋混凝土是工业革命以来最常用的结构材料之一,在我国处于绝对主导的地位,它强度高、刚度大、防火性能好,具有良好的技术经济性能。

1. 钢筋混凝土的3种基本结构体系:框架体系、剪力墙体系、简体体系。

框架体系:整个结构的纵向和横向全部由框架单一构件组成的体系称为框架体系,优点是建筑平面布置灵活,缺点是它属于柔性结构体系,在水平荷载作用下,它的强度低,刚度小,在高烈度地震区不宜采用。

剪力墙体系:指该体系中竖向承重结构全部由一系列横向和纵向的钢筋混凝土剪力墙组成,属于刚性结构体系,但建筑平面布置不够灵活,使用受到限制。

简体体系:简体结构由框架或剪力墙合成竖向井筒,并以各层楼板将井筒四壁相互连接起来,形成一个空间构架。简体结构不仅能承受竖向荷载,而且能承受很大的水平荷载,所构成的内部空间较大,建筑平面布局灵活,因而能适应多种类型的建筑。简体可分为实腹式简体和空腹式简体,由剪力墙围合成的简体称为实腹式简体,或称墙式简体(墙简),由密集立柱合成的简体则称为空腹式简体,或称框架式简体(框简)。

图片来源:刘建荣.《高层建筑设计与技术》. 北京:中国建筑工业出版社,2005.05:P15.

简体平面形式与结构类型
(a)方形外围内柱,(b)矩形内筒外框筒,(c)圆筒到中筒,
(d)三角形内筒外剪力墙,(e)多边形筒中筒

2. 在3种基本结构基础上,针对不同建筑高度和建筑类型的需要,又发展了如框支剪力墙、框架-剪力墙、框架-简体、简中简、框简束等常用钢筋混凝土结构体系。

框架-剪力墙体系是最常用的一种结构形式,是在框架体系的基础上增设一定数量的纵向和横向剪力墙,并使框架柱、楼板有可靠连接而形成的结构体系。建筑的竖向荷载由框架柱和剪力墙共同承担,而水平荷载则主要由刚度较大的剪力墙来承受,较适合百米左右的公共建筑。

框架-简体体系是由简体和框架共同组成的结构体系,包括芯简-框架体系和多简-框架体系两类。简体是一个立体构件,具有很大的抗推刚度和强度,通常将所有服务性用房和公共设施都集中布置于简体内,以保证框架大空间的完整性,从而有效提高建筑平面的利用率。

简中简体系由两个及两个以上的简体内外嵌套组成,一般用于超高层建筑。

框简束体系是由两个及两个以上的框简并置在一起所形成的结构体系。

表 3.3.1-1　A 级高度钢筋混凝土高层建筑的最大适用高度 (m)

结构体系		非抗震设计	抗震设防烈度				
			6度	7度	8度		9度
					0.20g	0.30g	
框架		70	60	50	40	35	—
框架-剪力墙		150	130	120	100	80	50
剪力墙	全部落地剪力墙	150	140	120	100	80	60
	部分框支剪力墙	130	120	100	80	50	不应采用

·A 级高度钢筋混凝土高层建筑的最大适用高度。
图片资料:《高层建筑混凝土结构技术规程》JGJ3-2010:P9.

7.3 高层住宅结构体系

我国《高层民用建筑设计防火规范》GB 50045-1995 规定，10 层及 10 层以上的住宅即为高层住宅。高层住宅的体形可分为塔式体形和板式体形。

塔式高层住宅的平面形式可分为以下几种：

1. 井形平面；2.V 形平面；3. 蝶形平面；4. 其他平面类型的塔式高层住宅，综合考虑基地形状、地形地貌、景观朝向、户型要求、结构形式等因素，塔式高层住宅可以衍生出以下平面形式：矩形平面、十字形平面、Y 形平面、风车形平面。

板式高层住宅具有日照、通风好，容量大，造价低，分摊电梯费用少，施工方便等优势。地势平坦的地区应用较广。板式高层住宅按平面形式可分为内廊式、外廊式、单元组合式几种类型。

高层住宅的结构体系对于平面形式的确定是相当重要的，建筑平面布局需较多地适应结构的要求，做到平面紧凑，体形简洁。同时，结构选型也需为建筑的灵活性提供可能，其结构体系有以下几种类型：框架结构体系；剪力墙结构体系；框架 - 剪力墙结构体系；芯筒 - 框架结构体系。住宅结构体系也可分类：短肢剪力墙、异形柱框架和扁柱（异形柱）- 筒体三大结构体系。

杭州萧山博奥城高层住宅单体效果图。
设计人：陈小军、张翔 .2009.

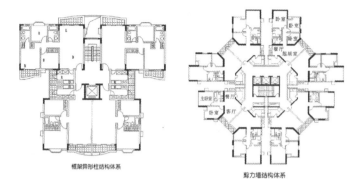

框架异形柱结构体系   剪力墙结构体系

图片来源：刘建荣 .《高层建筑设计与技术》. 北京：中国建筑工业出版社，2005.05：P..

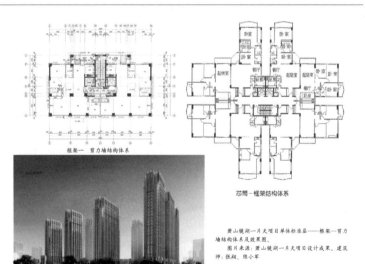

框架—剪力墙结构体系

芯筒—框架结构体系

萧山镜湖一片天项目单体标准层——框架—剪力墙结构体系及效果图。
图片来源：萧山镜湖一片天项目设计成果。建筑师：张翔、陈小军。

芯筒—框架结构体系住宅标准层平面图。图表来源：刘建荣 .《高层建筑设计与技术》. 北京：中国建筑工业出版社，2005.05：P162..

7.4 新型钢筋混凝土结构体系

1. 刚臂芯筒 - 框架体系：沿房屋高度方向每 20 层左右，于设备层、避难层或结构转换层，由芯筒伸出纵、横向刚臂与结构的外圈框架柱相连，并沿外圈框架设置一层楼高的圈梁或桁架，所形成的结构新体系，适用于更高的高层建筑。

2. 巨型框架体系：由两级结构组成，即主框架和次框架。

3. 竖筒悬挂体系，如德国慕尼黑 BMW 公司办公大楼、库哈斯设计的深圳证券交易大厦。

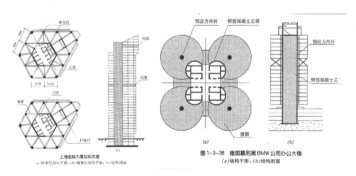

图 1-3-36 德国慕尼黑 BMW 公司办公大楼
(a) 结构平面；(b) 结构剖面

图表来源：刘建荣 .《高层建筑设计与技术》. 北京：中国建筑工业出版社，2005.05：P27，P30..

7.5 钢结构体系

同钢筋混凝土结构相比，钢结构的用钢量较大，耐火性能差，但它具有面积利用系数大，抗震性能好，结构自重轻，基础费用少，施工工期短等优势。高层建筑钢结构根据制作的材料不同，可分为钢结构、钢-混凝土混合结构、型钢混凝土结构和钢管混凝土结构。

钢结构的特点：节约结构面积；减轻结构自重、降低基础工程造价；缩短施工周期；抗震性能较好；耐火性能差。

钢结构体系：框架体系；框-撑体系；支撑-刚臂体系；框筒体系；筒中筒体系；框筒束体系；巨型支撑筒体系（巨型桁架体系）；巨型框架体系；悬挂体系。

图表来源：刘建荣.《高层建筑设计与技术》.北京：中国建筑工业出版社，2005.05：P27，P82..

图表来源：刘建荣.《高层建筑设计与技术》.北京：中国建筑工业出版社，2005.05：P27，P25..

东京NEC本部大楼结构布置图
(a)中段楼层结构平面，(b)底层楼层结构平面，(c)结构体系图，(d)结构侧剖面

7.6 高层建筑设备设计概论

高层建筑中为了保障舒适、安全的生活与工作环境，需要设置复杂的设备系统，包括：空调系统、给水排水系统、电气系统、消防系统以及建筑智能化系统等。

建筑与设备需要讨论以下事项：

1. 设备用房的位置、面积、尺寸及其与主体结构的相互关系。
2. 设备管线、井道体系的空间位置、走向与尺寸规格。
3. 屋顶及室外大型设备的设置与建筑规范、环境污染的关系。
4. 建筑与设备的防灾处理，如防火分区、排烟设备与建筑间的复杂关系。
5. 大型室内设备的进入、安装、检修方式等。

设备层：

所谓设备层，是指建筑物某层的有效面积大部分作为空调、给水排水、电气、电梯机房等设备布置的楼层。设备层的具体位置应配合建筑的使用功能、建筑高度、平面形状、电梯布局、空调方式、给水方式等因素综合加以考虑。

高层建筑中设备安装的位置：

一般将产生振动、发热量大的重型设备（如制冷机、锅炉、水泵、蓄水池等），放在建筑最下部。

为减少高层建筑下部设备承压，将中间水箱、转输水泵、板式热交换器等设于避难层（中间层）。

将利用重力差的设备，体积大、散热量大、需要对外换气的设备（如屋顶水箱、冷却塔、送风机、排烟风机、烟囱等），放在建筑最上层。

设置中间设备层有以下特点：

为了支承设备重量，要求中间设备层的地板结构承载能力比标准层大；而考虑到设备系统的布置方式不同，中间设备层的层高会低于或高于标准层。

施工时，需要预埋管道附件（支架）或留孔、留洞，结构上需要考虑防水、防震措施。

从高层建筑的防火要求来看，设备竖井应处理层间分隔；但从设备系统自身的布置要求看，层间分隔增加了设备系统的复杂性，需处理好相互关系。

标准层中加入设备层，增加了施工的难度。设备层常结合结构转换层设计：现代高层建筑向多功能、综合用途发展，不同用途的楼层需要大小不同的开间，采用不同的结构形式。因此在一幢建筑中上、下楼层间就需要一个结构层进行转换。转换层类型包括：上、下层结构类型转换；上、下层柱网、轴线改变；同时转换结构形式和结构轴线布置。

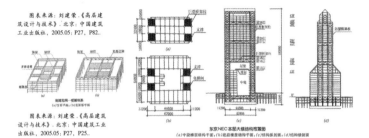

空调系统的组成

图片来源：刘建荣.《高层建筑设计与技术》.北京：中国建筑工业出版社，20005.05：P210..

邵阳宝京汇设备层转换层位置示意图，设计师：陈小军 2013
图片来源：作者设计作品成果

名称	层数	建筑面积(m²)	设备层位置(层)
曼哈顿花旗银行（纽约）	-5，60	208,000	-5、11、31、51、61、62
伊利诺伊贝尔电话公司（芝加哥）	-2，31	902,000	-2、3、21、31
神户贸易中心	-2，26	50,368	-2、12、13
东京IBM大厦（HR）	-2，22	38,000	-2、21
NHK播音中心（HR）	-1，23	64,900	-1
京王广场旅馆	-3，47	116,236	-3、8、46

国外典型的高层建筑设备层所在位置表　表5-0-1

图片来源：刘建荣.《高层建筑设计与技术》.北京：中国建筑工业出版社，2005.05：P208..

7.7 高层建筑给水排水设计

7.7.1 给水系统

· 高层建筑给水系统的组成：

　　1）生活给水系统；2）消防给水系统；3) 生产给水系统（民用建筑无）。

· 高层建筑给水系统的特征：

　　1）由于建筑高度大，给水产生的静压很大，易损坏洁具设备。高层建筑给水一般需要采取分区及减压措施。

　　2）一类高层综合楼一般要有 3h 的消火栓贮水量及 1h 的喷淋贮水量。

　　3）横穿沉降缝的排水管道一定要考虑伸缩、沉降构造。

· 高层建筑给水系统的给水方式：

　　当建筑超过一定高度后，需在垂直方向分成几个区进行分区供水，通常分为高区、中区、低区。

　　1）有高位水箱方式：设备简单，维修方便，广泛使用。

　　2）无高位水箱方式：对设备要求高，相对造价及维护费用高，但不占用高层的有效空间，不增加结构荷载，可用于地震区。

图 5-3-1　生活给水系统给水方式示意图

（1—加压泵组；2—高位（中）；3—高区水箱；4—高位水箱；5—高位水箱；6—减压阀；7—变频调速水泵机组；8—气压给水机组；9—蓄水池）

图片来源：刘建荣.《高层建筑设计与技术》.北京：中国建筑工业出版社，2005.05: P235..

· 高层建筑给水系统的设备与建筑设计：

　　1）蓄水池，设于室外或地下室。

　　2）水泵房：用电量较大，靠近供电中心布置。

　　3）高位水箱：目的是在市政水压不足的区域满足用水的要求。

　　4）消火栓供水系统：室外消火栓应沿高层建筑周边均匀布置，室内消火栓的位置应在走道、楼梯等易于取用的位置。

　　5) 自动灭火系统：自动喷淋系统、气体自动灭火系统、气体或水喷雾系统。

7.7.2 排水系统

· 排水系统的分类：

　　1）污水系统：经化粪池或污水处理装置处理后方能排出。

　　2）废水系统：含油废水经隔油处理后方能排入市政管网。

　　3）雨水系统：高层建筑中通常采用内排水方式。

· 地下车库排水：

　　地下车库的排水一般采用明沟加铸铁排水栅系统。

7.7.3 中水系统

　　中水系统是指将各类建筑使用过的排水，经处理达到中水水质要求后，而回用于厕所便器冲洗、绿化用水、洗车等各类杂水的一整套工程设施。

7.8 高层建筑空调设计

7.8.1 高层建筑空调系统的组成

　　高层建筑空调系统主要由冷、热源，空气的调节与分配系统，自动控制系统等几部分组成。

· 高层建筑空调系统的特征：

　　空调系统分区：建筑不同朝向、不同高度的空调负荷差别大。需要按照层数、朝向、用途、使用时间等条件进行空调系统的分区。有利于减少管道和风道。

　　空调设备对建筑立面的影响：风冷热泵机组、多联空调室外机组和冷却塔都需要放在室外，对建筑立面产生影响。

　　风对空调系统的影响：室外风速随建筑高度的增高而增大，应提高围护结构气密性。

　　大型空调设备的位置：高层建筑的制冷机、锅炉房等大型设备通常布置在地下层、设备层、屋顶等处。

　　设备管道与建筑空间：空调分配系统的管道尺寸较大，在确定层高时，应结合不同管道大小来进行。

　　外墙上风口的位置：新风应在上风方向，排风口在下风向，与新风保持一定的距离和高差，同时应设防雨淋百叶风口。

图片来源：刘建荣.《高层建筑设计与技术》.北京：中国建筑工业出版社，2005.05: P213..

冷、热源设备的位置　　表 5-1-1

冷热源	设置在底层或下层	设在中间设备层	设在顶层或屋顶上	分散于使用房间	把冷热源分布于地面上	独立机房

7.8.2 冷、热源设备与建筑设计

冷源设备

　　制冷机（离心式、螺杆式、涡旋式、吸收式）；

　　冷却塔：将冷冻机的冷却水与室外空气进行热交换，使其冷却再循环使用的装置。

热源设备

　　锅炉（产生空调热水）；

　　热泵机组（既产生冷冻水又产生热水）；

　　冷、热源设备的位置：见上页图表。

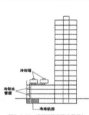

图 5-1-12　冷却塔放在裙房屋顶上

图片来源：刘建荣.《高层建筑设计与技术》.北京：中国建筑工业出版社，2005.05: P216..

制冷机房的设计要求与注意事项：

　　由于设备重量很大，结构工程师需向设备供应方咨询。

　　设备的尺寸及使用空间高度要求较高，机房净高度一般为 4～6m。

　　机房的位置：从结构观点看，地下室最好，其荷载对主体结构影响较小，且振动、噪声影响较大。

冷却塔的布置与建筑设计：

　　放置冷却塔最常见的位置是在高层建筑屋顶或裙房屋顶上。当有裙房时最好把冷却塔放在裙房屋顶上，这样可以减少冷却水管道行程。冷却塔对周围建筑有一定影响，要做好防潮、隔声。

冷却塔平面布置要求：

　　塔与塔的间距应大于塔体半径的 0.5 倍；塔与建筑物的墙体应有一定距离；塔顶不能有建筑物或构筑物，否则，热空气会循环吸入冷却塔内。

　　冷却塔不能安装在有热空气或有扬尘的场所。

锅炉房的位置：

靠近热负荷集中的地方。

锅炉房应布置在建筑物外的专用房间内，也可布置在高层建筑或裙房的首层或地下层。

为减少烟尘的影响，尽可能布置在建筑的下风侧。

在建筑平面中应考虑排烟道的合理布置。

7.8.3 空气调节、分配系统与空调机房设计

基本概念：空气调节、分配系统主要包括三大部分——空气处理、空气输送、空气分配，通过自动控制系统统一控制。

空气调节包括以下几方面的调节：引入新鲜空气，排除二氧化碳以及其他废气，同时过滤空气中的微粒；加热或冷却空气；加湿或去湿。

高层旅馆通常分为客房和公共用房两部分，客房通常采用风机盘管加独立新风系统。公共部分常采用集中或各层机组的全空气系统。

空调机房设计：

集中式大型空调机房宜设在底层或地下室。设在地下室时要有新风和排风管道通向地面。

集中式中型空调机房或半集中式空调机房应按各个防火分区分别独立设置。

高层建筑的裙房的空调机房宜分层设置，但最好能上下对齐。

各空调机房应尽量靠近使用房间。

空调机房与使用房间相通时，需采用防火保温密闭门。

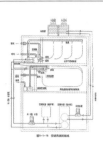

图片来源：刘建荣.《高层建筑设计与技术》.
北京：中国建筑工业出版社，2005.05：P218..

机械排烟的建筑设计

1. 所谓机械排烟系统就是把建筑内部空间分为若干个防火分区，每个防火分区又分成若干个防烟分区。每个防火分区需要设置排烟风机，每个防烟分区需要设置排烟口。

2. 需要机械排烟的部位：

1）内走道，无直接自然通风，且长度＞20m；有直接自然通风，但长度＞60m。

2）地面上的无窗房间，房间面积＞100m²，且常有人停留的场所。

3）中庭，高度＞12m 或不具备自然排烟条件的。

4）地下室，面积超过 2000m² 的地下车库。

3. 机械排烟口的位置与间距：

1）位置：顶棚上或靠近顶棚的墙上，但距可燃物应≥1m。

2）开关方式：平时关闭，火灾时应能手动和自动开启。

3）距最远点的水平距离≤30m，水平距离指烟气流动路线的水平距离。

排烟系统的布置：

1. 竖向布置，主要用于走道。

2. 水平布置，主要用于房间，宜按防火分区设置。

7.9 高层建筑防排烟设计

·防排烟：就是将火灾发生时产生的烟气在着火区域内尽早排出至室外，防止烟气扩散到疏散通道及其他防烟区域中去。防排烟的常用方式有自然排烟、机械排烟、机械排烟等方式。

自然排烟的建筑设计

1. 自然排烟的概念：

1）在房间、走廊、楼梯间和电梯厅处开设可控制的排烟口或可开启的排烟窗，烟气利用热压、浮力和室外风力的作用排烟。

2）当排烟口及排烟窗无法直接对外排烟时，可以再设置室内竖井进行自然排烟。

2. 采用自然排烟的场所：

建筑高度＜50m 的一类公建、建筑高度＜100m 的居住建筑楼梯间及前室（合用前室）才允许使用自然排烟的防烟方式。

主要用于以下部位：1）靠外墙的防烟楼梯间及其前室、消防电梯间前室和合用前室；2）长度＜60m 能直接自然通风的内走道；3）净空高度＜12m 的中庭。

3. 自然排烟外窗的可开启面积大小：

1）靠外墙的防烟楼梯间每 5 层内可开启外窗面积之和不应小于 2m²，防烟楼梯间前室或消防电梯前室不应小于 2m²，合用前室不应小于 3m²。

2）内走道外窗可开启面积≥走道地面积的 2%。

3）房间外窗可开启面积≥房间面积的 2%。

4）中庭可开启的天窗或高侧窗面积≥中庭地面面积的 5%。

4. 自然排烟土建设计注意事项：

1）可开启外窗尽量设在上方，并有方便的开启装置。

2）为减少室外风压影响，排烟窗口最好有挡风板。

3）内走道、房间的排烟应有两个以上朝向。

7.10 高层建筑电气设计

高层建筑电气设备的特点和内容：

应用电能的设备分为两大类：

1. 强电设备：照明、动力设备。照明设备常用 220V 电压，动力用电设备常用 380V 电压供电。

2. 弱电设备：泛指传递信息和控制信号的电子设备，用于通信和自动控制系统。并将这些子系统构成大楼完备的电气系统。

高层建筑的供电方式：

1. 第一级变电站将城市干线电网的高压 110kV 降为中压 10kV 或 35kV，为建筑小区或大型建筑提供电力，称为区域变电站。

2. 第二级变电站是建筑或小区内部大型建筑群所附属的用户变配电站。它将区域变电站提供的 10kV 电压变为 380V 或 220V 用户电压。

变、配电房的建筑设计：

1. 位置：1）安全运行，技术经济性能好，经营管理方便；2）接近负荷中心，进出线方便，接近电源侧；3）设备吊装运输方便；4）避开下列场所：有剧烈振动、高温、高湿；5）不宜设在地下室的最底层。

2. 具体位置：

1）当楼层为 20～30 层时，设于地下室或辅助建筑内；

2）当建筑高度＞100m 时，分别设在地下室、中间设备层和顶层。

3. 变配电房的平、剖面布置：

1）当变、配电房长度＞7m 时，应设两个门，门向外开。

2）设备下面应设地沟，以便布置电缆。

· 电气竖井与配电小间：

电气竖井是高层建筑物强电及弱电竖向干线敷设的主要通道。

在电气竖井内，如果除敷设干线回路外，还设置各层的电力、照明分配电箱及弱电设备的端子箱等电气设备，则称为电气小间。

1）电气竖井的位置应靠近负荷中心。

2）电气竖井应是专用竖井。不得与电梯井、管道井等共用同一竖井。

3）电气竖井应避免邻近烟道、热力管道等散热大或潮湿的设施。

4）一般按标准层每600m²一个电气竖井来设置。

· 消防控制室的建筑设计：

设有火灾自动报警系统和自动灭火系统或设有机械防烟系统的高层建筑，应设置消防控制室。

消防控制室的功能：1）起到消防管理中心的作用；2）消防设备管理中心；3）消防信息情报中心。

消防控制室的位置：1）应设在交通方便、消防人员能迅速到达、火灾不易延燃的部位。2）不应设在厕所、锅炉房、变压器室等房间的隔壁、上方或下方。3）不宜设在人流密集的场所，最好与保安室、广播室等邻近。4）控制室一般设在首层，靠近大楼入口，并有通向室外的安全出口。

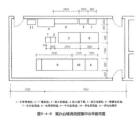

图片来源：刘建荣.《高层建筑设计与技术》.北京：中国建筑工业出版社，2005.05：P257..

图5-4-9 某办公楼消防控制中心平面布置

电梯：

电梯的构成包括机房、井道、轿厢。

机房：

1）一般设在电梯井道的正上方，设专用电梯机房，且通风良好。

2）大小：一般机房的面积是井道截面积的2倍以上。

3）机房地面到机房顶端净空高度，客梯大于3m，货梯大于2.5m，杂梯大于1.8m。

井道：

1）一般采用框架填充墙或钢筋混凝土结构。

2）井道内壁与轿厢外壁间距大于200mm。

舟山中浪大厦D座消防电梯机房卷扬机照片，陈小军摄，2015.04.

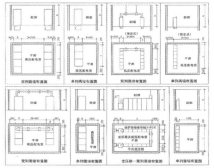

图5-4-2 变配电房的平、剖面布置要求

图片来源：刘建荣.《高层建筑设计与技术》.北京：中国建筑工业出版社，2005.05：P251..

7.11 案例：香港中银大厦建筑结构设计艺术分析

香港中国银行大厦，由贝聿铭建筑师事务所1982年底开始规划设计，1990年完工。总建筑面积12.9万m²，地上70层，楼高315m，加上顶上两杆的高度共有367.4m。结构采用4角12层高的巨型钢柱支撑，室内无一根柱子。香港中银大厦是建筑结构艺术完美结合的典范，建筑形体现代简洁，寓意深远，契合本场地气场和业主要求，造价合理，使用功能高效便捷。

香港中环区域全景图。图片来源：Google earth截图，2014.10

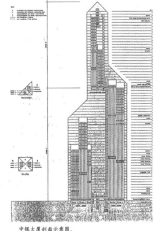

中银大厦剖面示意图。
图片来源：http://www.officebos.com/news7_show.asp?id=179

· 香港中银大厦设计背景

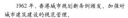

1962年，香港城市规划新条例颁发，加强对城市建设建设的规范管理。

20世纪70年代，出现新形式：大基座上的细长塔楼，使街道上的活动统一起来。

20世纪80年代，香港取得金融中心的地位，敞开胸怀拥抱摩天大厦的到来，1982年中银大厦开始规划设计。

参考书籍及图片来源：《香港造城记·从垂直之城到立体之城》，(澳)谢尔顿等著，胡大平等译。北京：电子工业出版社，2013.05。

· 香港同期建设高层建筑

| 香港汇丰银行大厦 1986年 180m 图片来源：www.sunlb.com | 香港力宝大厦 1988年 172m 图片来源：www.bj.house.sina.com.cn | 香港交易广场 1985～1988年 188m 图片来源：http://news.hexun.com/ | 香港合和中心 1980年 216m 图片来源：www.jzwhys.com | 港岛香格里拉酒店 1991年 213.4m 图片来源：http://www.hotels.cn | 花旗银行大厦 1992年 205.5m 图片来源：http://top.gaoloumi.com |

· 香港中银大厦设计理念
· 平面

　　中银大厦的平面是一个正方平面，对角划分成4组三角形，每组三角形的高度不同，从而使整个建筑有向上升的趋势，同时寓意着"节节高升"的含义；另一方面，整个建筑的形体的形成逻辑在于结构体系，形体干净利落，充满理性主义情怀。

中银大厦远眺照片，中银大厦花园局部照片。陈小军 摄于 2008.12

图片来源：Sketchup 电子模型截图

· 形体雕塑感

　　雕塑感的建筑形体本身具有较强的可识别性，但是，如何在成片具有雕塑感的群体里脱颖而出？更加简洁几何和富有寓意的建筑形体能得到更大的机会。
· 斜线

　　周围建筑多以竖线条为主，以求建筑的挺拔。贝聿铭引入的斜线构图起到了打破人们视觉惯性的作用。
· 细部

　　方形的建筑平面与菱形的基地之间限定出两个奇妙的庭院空间，庭院在一方向压缩，另一方向拉伸，打破对称格局，两个空间在整体上更具动感，这样也呼应了建筑物旋转向上的视觉效果。

仰望中银大厦，多个不同高度形体除了带给人不断上升的感觉，产生了围绕建筑运动的动势。　　泉水和假山的引入，呼唤中国古典文化，在局促的用地中保留一丝情怀；同时也是香港当地对楼宇风水比较重视的反映。

中银大厦主楼及花园，陈小军 摄于 2008.12

· 香港中银大厦结构创新

　　整座大楼采用由8片平面支撑和5根型钢混凝土柱所组成的混合结构"大型立体支撑体系"，此混凝土——钢结构立体支撑体系，在改进结构性能方面具有如下独到之处：建筑的最高脊柱将整个建筑的重量分到四个角上，脊柱每到一个交会处就将重量分散到四周的分柱上，通过把重力引向外部，本来要用来重复横向加固的钢材现在可以纵向运用了，整个结构可以不使用任何内部支撑物。这种创新的结构使钢材的使用量降低到了香港同种建筑的一半。

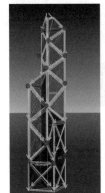

中银大厦传力示意图。
图片来源：Sketchup 电子模型截图

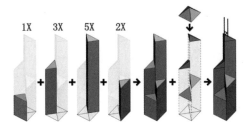

第八章 模块——高层建筑设计课程教学安排

《上海地标》陆家嘴夜景 摄影：严明磊。图片来源：http://pr.dfic.cn/

8.1 模块化教学
· 模块化教学

建筑学专业 5 年教学课程体系强调以"建筑类型"为依托，以"工程化"建筑设计问题为主线，逐步改革建筑设计系列课程，由强调建筑类型设计的传统建筑教学模式过渡到强调以建筑本体语言为重点的新型教学模式，建立包括"形态与认知"、"空间与环境"、"空间与行为"、"技术与建筑"、"建筑与城市"以及"城市与建筑"的六大建筑问题类型的"模块化"系列课程。

· 以注重能力培养为目标的"三段式"教学进程

根据学生循序渐进的学习规律，教学计划将 5 年教学进程分为"基础训练"、"拓展深化"和"创新实践"三个阶段，形成了"1+2+2"三段式教学组织模式。各个阶段教学目标明确又相互关联，把需要培养的学生专业能力归纳为：空间感知与解析能力、综合设计与设计表达能力、独立思考及自学开拓能力、创新实践与技术应用能力等。

· 重视知识构架的搭建，重视设计方法的教学

突破传统单个建筑类型设计内容教学的课程安排局限，以高层建筑为依托，拓宽教学的广度和深度，从建筑与城市的关系着手进行设计进程和设计方法教学，"授人以鱼，不如授人以渔"。响应学校和学院培养"工程应用型人才"的基础目标和培养"复合创新型人才"的高级目标。

8.2 设计任务书
高层办公综合楼建筑设计任务书 2012 年 9 月（2014 年 8 月修）
（学期：8　学时：64）

· 一、课程教学要求

高层建筑设计属于"建筑与城市"教学模块，要求初步掌握并处理好高层办公综合建筑与城市总体景观、环境的关系。要求理解单体建筑设计的出发点之一是城市空间脉络、城市形态特征和城市文化内核，要求对城市界面、区域交通、城市空间肌理、城市节点等作重点研究。理解建筑所在城市及城市区域空间的个性和特征；每个城市拥有自己的个性，每个城市空间也有不同的特质。建筑身处其中，要回应这种不同。

对城市设计、城市规划的基本知识有所涉及。课程设计题目安排在杭州黄龙商圈，近西湖区域，要求考虑高层建筑对城市区域空间脉络、城市天际线、杭州城市特点等作重点调研。

对高层建筑周边环境、出入广场、交通评价、环境评价等有基本认识。对楼宇经济、高层造价控制等建筑经济因素有基本认识。

熟悉高层办公综合建筑的功能、总体布局要求，掌握其防火设计要点，组织好内外不同交通的流线。

学习高层建筑造型设计元素、特点，空间组合形式，进一步训练和培养学生建筑构思和空间组合的能力。

学习并掌握高层建筑中内部空间、过渡空间及外部空间设计要点。

初步了解高层建筑结构特点，墙体与柱网的关系以及柱网的布置方式。

熟练运用工具草图、模型（照片）表达设计成果。

· 二、设计条件

概况：

某公司拟建一办公综合楼，项目位于天目山路北侧，黄姑山路东侧，教工路西侧，现为西湖数源软件园国家级高新技术开发区。

地块总用地约 60 亩，大楼限高 100m 以下，地形见附图。

本地块分为 3 个区块，选择东南区块进行方案设计，并要求综合考虑 3 个地块的总图设计及形体设计。

使用功能及设计要求：

1）项目定位：为中高档商业办公综合楼；大空间设置，方便临时性分隔，便于适应不同使用单位、部门的不同使用要求。

2）核心筒设置：处理好核心筒内电梯与门厅、楼梯及前室的关系，满足中间转换和消防疏散要求。（也可采用其他合理结构形式）

3）服务功能设置：需综合分析其主楼和裙房及地下室的功能构成。设置餐饮服务，为本大楼内的工作人员提供工作餐，同时为附近居民服务。按照设计要求安排其他服务功能。

4）停车泊位：停车泊位数量按规范要求设置，同时安排大楼工作人员停放非机动车的数量。

5）结合周边城市空间，适当安排配套会议、展示、商贸空间，为本大楼及城市区域服务。

· 地块经济指标：

用地性质	用地面积	建筑密度	容积率	绿地率	建筑高度
商业办公	见图	≤ 40%	≤ 4.2	≥ 25%	< 100m

· 三、方案要求

· 平面功能合理，注重环境设计；
· 空间构成流畅、自然，适当开辟空中公共空间；
· 立面注意特色、造型别致；
· 注重建筑与城市环境的关系。

· 四、图纸内容及要求，模型制作要求

总平面图 1：500（表示出地段周围环境与建筑物关系；注意入口广场设计）

平面图 1：200（或其他合适的出图比例）

立面 2～3 个　　　1：200（或其他合适的出图比例）

剖面 1～2 个　　　1：200（或其他合适的出图比例）

透视图：外观和入口大厅透视至少各一个。

简要设计说明和经济技术指标。

图纸规格统一为 A1（841mm×594mm）绘图纸。

全套图纸表现方法不限，出图比例可以根据图面效果调整。

建筑单体模型一个，比例不小于 1：150，材料不限，要体现建筑形体、立面划分、总图布置等内容。

五、进度安排

·三年级暑假完成"高层建筑"网络课程的自学。

·熟悉高层办公综合建筑设计任务书，参观市区高层建筑 5～6 个。课后收集有关高层办公综合建筑方面的资料，写出调研报告一份，包含一个典型单体的设计分析报告。（字数不少于 1000 个，图文并茂）　　　　　　　　1 周（第 1 周）

·分析基地周边环境，开始第一次徒手草图。　内容包括：周边环境及城市景观分析，总平面 1：500，内外交通流线组织，做体块模型，进行多方案比较（2～3 个）。在第 2 周第一次进行调研报告分享；在第 3 周安排 3 小时课堂快题。2 周（第 2、3 周）

·修改一草，确定总平面方案。进行第二次草图设计、平面设计及造型设计。内容包括：平面图 1：200、立面图 1：200（不少于 2 个）、剖面图 1：200（至少 1 个）、总平面图。做工作模型 1：200。课后交图。　　　　　　　　2 周（第 4、5 周）

·修改第二次草图，进行第三次草图设计（工具草图），工作模型在原基础上进行推敲。要求做模型。　　　　　　　　　　　　　　　　1 周（第 6 周）

·画正式图，可附模型照片于图中。在第 7 周进行模型集中评分，在第 8 周进行图纸集中评分。　　　　　　　　　　　　　　　　2 周（第 7、8 周）

【具体见授课计划书】

六、参考资料

刘建荣主编 .《高层建筑设计与技术》. 北京：中国建筑工业出版社，2004

王建国著 .《城市设计》. 东南大学出版社 .2004

梅洪元 梁静著 .《高层建筑与城市》，中国建筑工业出版社，2009

浙江工业大学建筑系陈 2012-9、2013、2014 修

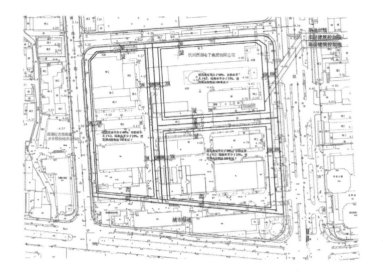

8.3 设计场地调研和设计要点分析

要求每班分 6 或 7 个小组进行独立调研，每组 4～5 人，分为资料调研和实例调研两个部分。

调研报告要求归纳总结调研心得，对城市面貌、场地特质、项目定位、设计切入点等作出研讨，培养学生的分析能力。

调研报告包含一个成果——对高层建筑案例的综合分析，对其设计概念生成、城市空间呼应、总图布置、功能安排、设计手法等作出分析，并完成 sketchup 全模型。

要求各小组长相互协调调研内容，各有侧重；协调各位同学的分工，各有重点，以此培养学生的协调能力。

要求每个调研小组上台汇报，培养学生的表达能力，同时让学生成为小老师，主动思考、主动表达，达到事半功倍的教学效率。

<small>衍生阅读：教学论文，陈小军 戴晓玲 于文波. 基于建筑师核心能力培养的本科课程设置 .<Undergraduate Curriculum Design Based on Architects' Core Abilities Cultivation>.<Applied Mechanics and Materials> 2013.01.Vols.256-259(2013)pp3122-3127.</small>

8.4 教学节点安排

·学期前三年级暑假要求完成《高层建筑网络课程》相关内容的学习。对课程的要求和高层建筑设计的基础知识有初步的了解。并能运用 Sketchup、Photoshop、3dmax 等软件的基本功能。

·第 1 周进行集中授课和调研。

·第 2 周调研报告分享。调研报告（包括案例分析）占总分的 5%，计入平时成绩。

·课间快题：在第 3 周安排 3 小时课堂快题，要求学生在 3 小时内完成一张 A1 图纸的图量，包括高层建筑设计构思、总图、形体、标准层平面四大块内容，表现形式不限。此高层建筑设计构思、总图、形体和标准层设计快题成为前期方案构思和后期方案深化的衔接点。快题占总分的 5%，计入平时成绩。

·第 7 周：进行建筑模型集体评分，占总成绩的 10%。

·第 8 周：进行集中评图。图纸成绩占总成绩的 80%。集中评图已经坚持多年。8 位任课教师分别打分，去掉一个最高分和一个最低分，剩下的为有效分，除以 6 再乘以 80% 为集中评图的图面分。集中评图有助于班级间相互交流相互学习，形成全年级的统一教学安排进程和教学质量标准。

·平时成绩：一草、二草和图纸细化要求班级课堂集中评分，再加上出勤等因素，成为教学平时成绩分的组成部分，占总成绩的 5%，由任课老师在集中评分基础上增减。

·专业合作：根据教学安排在第 6 周机动安排与建筑结构和给水排水专业学生进行跨专业合作教学。

·主题讲座：根据任课教师专长机动安排主题讲座。

·典型建筑案例设计分析推荐名单

·建筑名单

建筑分析要点：

- ·香港中银大厦
- ·深圳建科院大厦（IBR）
- ·杭州浙商财富中心
- ·上海久事大厦

- ·纽约福特基金会大厦
- ·纽约利华大厦
- ·纽约赫斯特大厦
- ·纽约克林顿公园建筑综合体
- ·纽约花旗银行总部
- ·纽约洛克菲勒中心

- ·法兰克福银行大厦
- ·伦敦瑞士再生保险公司总部大楼

- ·新加坡 Editt 大楼

1. 设计概念生成；
2. 建筑与城市关系分析：

城市空间气质个性、空间形态特征、区域场所空间要素、道路交通、景观视线、日照通风、邻近建筑形态等；

3. 业主、主管部门与环境对建筑的要求；
4. 场地个性化诉求；
5. 设计的切入点或中心思想；
6. 建筑功能要求；
7. 设计的创新点；
8. 总图、形体、标准层、裙房设计分析；
9. 地下空间、灰空间、空中花园等设计分析；
10. 建筑表皮处理、生态措施、智能化系统等设计分析；
11. 建成后使用效果评估；
12. 建筑对城市的影响和不足分析。

·第 3 周 3 小时快题　设计任务书（以 2014 年题目为例）

- ·时间：10 月 10 日上午 8：15 ～ 11：15，3 个小时
- ·地点：新教科楼建筑系教室
- ·图纸内容：总图（3 个地块，重点表达东南地块）
  - 形体（3 个地块建筑形体组合，重点表达东南地块建筑形体）
  - 标准层（高层单体标准层设计）
  - 分析图（分析图内容自定，自选根据设计构思需要表达的分析图）
- ·A1 图纸一张；表达方式不限（徒手图为主，比例基本正确）.
- ·评分方式：每个任课老师按 20% 比例推优；在 10 月 11 日上午集中评图，每个老师有 10 票选优，每个作业根据得票多少决定优秀作业。优秀作业得分为 5-。其他成绩由任课老师根据比例打分。2014.10

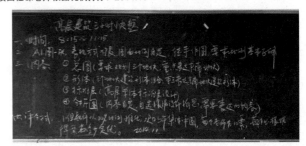

8.5　教学衍生：网络课程、短学期及教学建议

由于只有 8 周教学时间，需要更多第二课程的教学设置。

形成完善的"建筑设计 V"网络课程体系，成为课堂教学的有益补充，使整个教学体系受益，成为学生学习、交流、问答的平台，为建工学院"培养高质量工程技术人才"的教学方针服务。网络课程访问路径：网络课程访问路径：浙江工业大学首页——精品课程——任课教师——陈小军（建筑工程学院）——建筑设计 V【课程编号】12765——教学材料等。或：http://wljx.zjut.edu.cn/homepage/course/course_index.jsp?_style=style_2_03&courseId=10746.

利用三年级暑假短学期（2 周）教学安排，成为高层建筑设计教学的准备阶段。

利用课余时间辅导。

·2012 学年课题组成员：
　于文波、刘抚英、陈小军、赵小龙、仲利强、郗铭、杨玉兰
·2013 学年课题组成员：
　于文波、刘抚英、王红、姚援越、陈小军、赵小龙、仲利强、郗铭、杨玉兰
·2014 学年课题组成员：
　于文波、王红、姚援越、陈小军、赵小龙、仲利强、郗铭、侯宇峰
·网络课程：高层建筑设计（陈小军建课建设负责人）
·短学期安排：国内外高层建筑调研、网络课程自学（2011 暑假短学期已实施）

·建筑学 2011 级高层建筑设计课程草图模型集体评分 2014.11.04

附录

威海四季海湾概念规划夜景鸟瞰图，陈小军设计，2011 年 7 月。

· 高层建筑国际竞赛和知名事务所网址及简介

1. 国际竞赛：国际高层建筑奖（The International Highrise Award）

　　网址：www.highrise-frankfurt.de 国际高层建筑大奖赛于 2003 年设立，由德国法兰克福市政府与德国 DGZ 银行主办，法兰克福建筑博物馆协办。大奖赛每两年举行一次，旨在鼓励各国建筑师、开发商、投资商针对未来的发展需求创造出更多的高层建筑。

2. 国际竞赛：CTBUH 高层建筑奖

　　网址：www.ctbuh.org

　　世界高层都市建筑学会（Council on Tall Buildings and Urban Habitat）专注于高层建筑和未来城市的设计与建设，是专业人士的世界前沿资源。团队通过活动、出版书籍、调查研究、工作小组、网络资源和其在国际代表中广泛的网络促进全世界高层建筑最新资讯的交流，是位于芝加哥伊利诺伊理工大学的非盈利性组织。其免费的高层建筑数据库——摩天大楼中心，对细节信息、图片、数据及新闻进行每日即时更新。CTBUH 还提出了对高层建筑高度测量的国际标准，同时也是授予"世界最高建筑"头衔的仲裁者。

3. 国际竞赛：eVolo 高层建筑设计竞赛

　　网址：www.evolo.us

　　位于纽约的国际建筑论坛 eVolo 举办了全球摩天楼设计大赛，出发点是探索摩天楼的发展趋势。既然是纯实验性的比赛，对场地、建筑高度、外形和技术指标没有任何规定，参赛建筑师有无限的想象空间。

· 2014 年最高建筑 CTBUH 名称获奖者

获奖者，美国：EGWW 联邦大厦——SERA Architects with Cutler Anderson Architects
获奖者，亚洲＆澳大利亚：中央公园——Ateliers Jean Nouvel
图片来源：http://www.soujianzhu.cn/news/display.aspx?id=2535

获奖者，欧洲：De 鹿特丹大楼——OMA
获奖者，中东及非洲：cayan 塔楼——SOM
图片来源：http://www.soujianzhu.cn/news/display.aspx?id=2535

· 2009 年 eVolo 09 大赛获奖者

　　eVolo 09 大赛深入探索了在有限的城市空间里垂直发展的各种可能性。

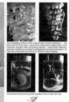

第一名：美国 Kyu Ho Chun/Kenta Fukunishi/Jae Young Lee
第二名：法国 Nicola Marchi/Adelaide Marchi
第三名：美国 EricVergne
图片来源：http://jandan.net/2009/02/19/evolo-09-skyscraper-competition.html

特别奖：法国 Sylvie Milosevic
特别奖：英国 Stefan Shaw/John Dent
特别奖：中国 Junkai Jian/Jinqi Huang
图 片 来 源：http://jandan.net/2009/02/19/evolo-09-skyscraper-competition.html

· 高层建筑设计课程推荐学习书籍及规范：

0.《建筑设计防火规范》GB50016-2014,2014.08.27 发布，2015.05.01 实施，住房城乡建设部

1.《高层民用建筑设计防火规范》GB50045-1995（2005 年版），国家技术监督局、中华人民共和国建设部联合发布，2005

2.《建筑设计防火规范》GB50016-2006（2006 年版），中华人民共和国建设部、中华人民共和国国家质量监督检验疫总局联合发布，2006

3.《城市居住区规划设计规范》GB50180-1993（2002 年版），国家技术监督局、中华人民共和国建设部联合发布，2002

4.《人民防空地下室设计规范》GB50038-2005，中华人民共和国建设部、中华人民共和国国家质量监督检验疫总局联合发布，2005

5.《住宅建筑规范》GB50368-2005（2006 年版），中华人民共和国建设部、中华人民共和国国家质量监督检验疫总局联合发布，2006

6.《办公建筑设计规范》JGJ67-1989，中华人民共和国建设部批准、浙江省建筑设计院主编，1990

7.《全国民用建筑工程设计技术措施、规则、建筑》，建设部工程质量安全监督与行业处主编，中国建筑标准设计研究院，中国计划出版社，2003

· 高层建筑设计课程推荐学习资料集：

1.《建筑设计资料集（第二版）》第 4 册，"办公楼" 部分，中国建筑工业出版社，1994

2.《建筑设计资料集（第二版）》，"居住区规划""住宅" 部分，中国建筑工业出版社，1994

· 专业校对：

1. 结构部分：张军谋，建筑结构硕士，国家一级注册结构工程师，高级工程师。
2. 给水排水部分：於小芬，国家一级注册给水排水设备工程师，高级工程师。
3. 电气部分：全国刚，国家一级注册电气设备工程师，高级工程师。
4. 暖通部分：滕亮，国家一级注册暖通设备工程师，高级工程师。

特别奖：加拿大 Steven Ma
特别奖：韩国 Jae Kyu Han/Sang Mi Park Ji Hyun KimWoo/Young Park/Kyoung Ho Lee
图 片 来 源：http://jandan.net/2009/02/19/evolo-09-skyscraper-competition.html

· 知名建筑设计事务所网址：

· SOM 事务所网址：www.som.com
· KPF 事务所网址：www.kpf.com
· MAD-马岩松事务所网址：www.i-mad.com
· BIG 事务所网址：www.big.dk

· DLN 香港刘荣广伍振民建筑师事务所 网址：www.dln.com.hk
· OMA 大都会建筑事务所·库哈斯 网址：www.oma.com
· Zaha Hadid 建筑事务所 网址：www.zaha-hadid.com
· bauhaus（包豪斯）网址：www.bauhaus.de
· Le Corbusier（柯布基金会）网址：www.fondationlecorbusier.asso.fr
· walter-gropius（格罗皮乌斯）网址：www.walter-gropius-schule.de
· Ludwig Mies van der Rohe（密斯基金会）网址：www.miesbcn.com
· frank lloyd wright（莱特）网址：www.franklloydwright.org
· Piano Renzo（皮亚诺）网址：www.fondazionerenzopiano.org
· mvrdv 网址：www.mvrdv.nl
· Foster and Partners（福斯特）网址：www.fosterandpartners.com
· libeskind（里伯斯金德）网址：www.daniel-libeskind.com
· coop-himmelblau（蓝天组）网址：www.coop-himmelblau.at
· richard rogers（罗杰斯）网址：www.richardrogers.co.uk
· architecture-studio（法国工作室）网址：www.architecture-studio.fr
· HOK 网址：www.hok.com
· 贝聿铭 网址：www.pcfandp.com
· 作业解析（见本课程学校网络课程资源）
· 近现代知名高层建筑资料汇编（见本课程学校网络课程资源）
· 优秀高层建筑设计案例（见本课程学校网络课程资源）

· 高层建筑设计课程推荐阅读书籍：

· 刘建荣主编，《高层建筑设计与技术》. 北京：中国建筑工业出版社，2004
· 冯刚编著，《高层建筑课程设计》. 南京：江苏人民出版社，2011
· 卓刚著，《高层建筑设计》（第二版）. 武汉：科技大学出版社，2013
· 王建国著，《城市设计》. 南京：东南大学出版社，2004
· 梅洪元，梁静著，《高层建筑与城市》，北京：中国建筑工业出版社，2009

· 优秀高层建筑学生设计作业汇编

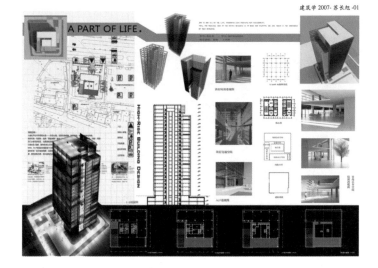

建筑学 2007- 苏长旭 -01

A PART OF LIFE.

HIGH-RISE BUILDING DESIGN

建筑学 2007-苏长旭 -02

A PART OF LIFE..

HIGH-RISE BUILDING DESIGN

建筑学 2008-金通 -01、02

高层办公建筑设计1
HIGH-RISE OFFICE BUILDING DESIGN I

高层办公建筑设计II

HIGH-RISE OFFICE BUILDING DESIGN II

建筑学 2008-金通 -03

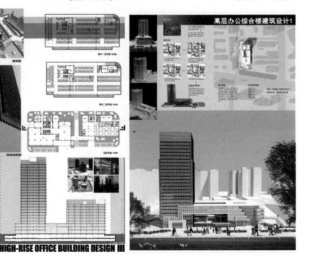

高层办公建筑设计III

HIGH-RISE OFFICE BUILDING DESIGN III

建筑学 2009-孙娇娇 -01

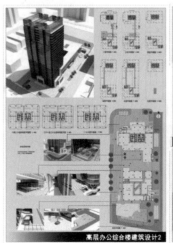

高层办公综合楼建筑设计1

建筑学 2009-孙娇娇 -02、03

高层办公综合楼建筑设计2

高层办公综合楼建筑设计3

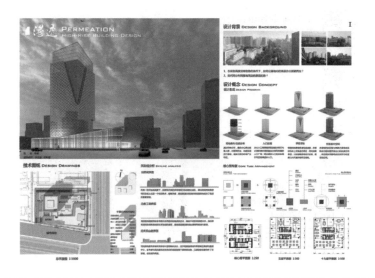

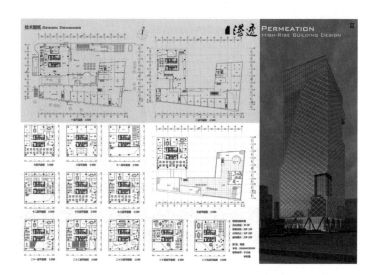

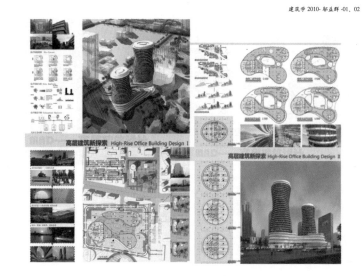

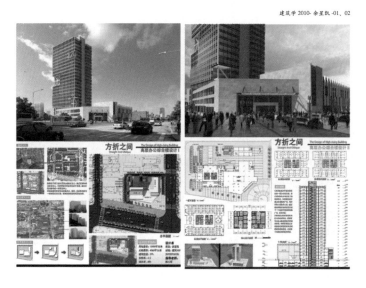

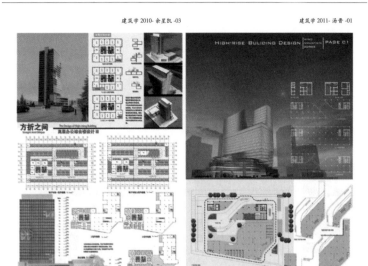

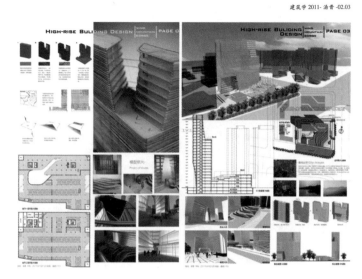

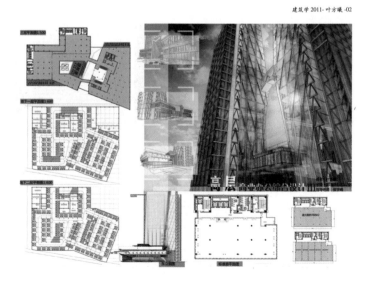

高 层 商业办公综合设计II

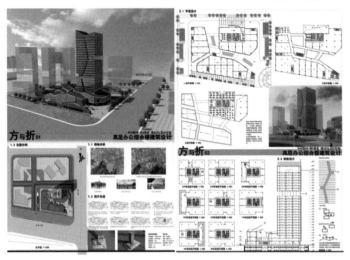

方与折 01
HIGH-RISE BUILDING
高层办公综合楼建筑设计

方与折 02
HIGH-RISE BUILDING
高层办公综合楼建筑设计

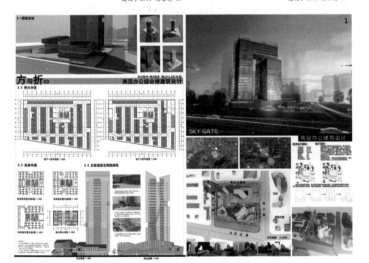

方与折 03
HIGH-RISE BUILDING
高层办公综合楼建筑设计

SKY GATE

高层办公建筑设计

杭州滨江东冠单元 BJ05-B1 地块城市综合体建筑设计方案

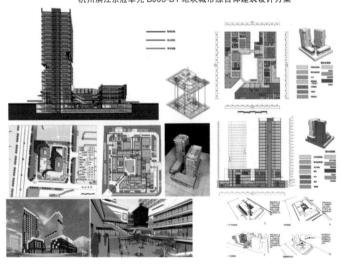

主要参考文献

1. 爱德华·格雷瑟 Edward Glaese. 城市的胜利 [M]，黄煜文译. 台湾：时报文化出版企业，2012.02

2. 梅洪元，梁静. 高层建筑与城市 [M]. 北京：中国建筑工业出版社，2009.06

3. 奥雷·舍人. 建筑与都市：CCTV 专辑 [J]. 宁波：宁波出版社，2005.09

4. 简. 雅各布斯著. 美国大城市的生与死. 纪念版 [M]. 金衡山译. 南京：译林出版社，2006.08

5. 吴良镛. 中国建筑与城市文化 [M]，北京：昆仑出版社，2009.01

6. 王建国. 城市设计（第二版）[M]，南京：东南大学出版社，2004.08

7. Serge Salat. 城市与形态 [M]. 北京：中国建筑工业出版社，2012.09

8. 诺伯舒兹著. 场所精神：迈向建筑现象学 [M]. 施植明译. 武汉：华中科技大学出版社，2010.07

9. 朱渊. 现世的乌托邦——十次小组城市建筑理论 [M]. 南京：东南大学出版社，2012.09

10. 阿尔多·罗西. 城市建筑学 [M]. 黄士钧译. 北京：中国建筑工业出版社，2006.09

11. 罗杰·特兰西克. 寻找失落的空间——城市设计的理论 [M]. 朱子瑜，张播，鹿勤等译. 北京：中国建筑工业出版社，2008.04

12. 麦克哈格. 设计结合自然 [M]. 黄经纬 译. 天津：天津大学出版社，2006.01

13. 迈克尔·哈夫. 城市与自然过程——迈向可持续性的基础（原著第二版）[M]. 刘海龙等译，北京：中国建筑工业出版社，2012.01

14. 约翰·奥姆斯比·西蒙兹 (JOhn Ormsbee Simonds). 大地景观环境规划设计手册 [M]. 程里尧译. 北京：水利水电出版社，2008.04

15. 王建国. 现代城市设计理论和方法（第三辑）[M]. 南京：东南大学出版社，2001.07

16. 周瑄. 鲁政. 环境意向的空间句法解读 [J]，建筑学报，2014.03

17. 凯文·林奇著. 城市意向 [M]. 方益萍、何晓军译. 北京：华夏出版社，2011.05

18. 鲁安东. 空间、视觉和都市：关于桢文彦《集合形态笔记》的笔记 [J]. 建筑技术及设计，2004.01

19. 张庭伟. 王兰. 从 CBD 到 CAZ：城市多元经济发展的空间需求与规划 [M]. 北京：中国建工出版社，2011.04

20. 陈小军. 王静. 刘抚英. 开放共享、活力人文，城市湾区空间建设控制要点探索——以香港维多利亚海湾空间规划研究为例 [J]. 华中建筑，2013.01

21. 齐康. 城市环境规划设计与方法 [M]. 北京：中国建筑工业出版社，1997.06

22. 中国建筑标准设计研究院. 建筑设计防火规范图示 [S]. 中国计划出版社，2014

23. 刘建荣. 高层建筑设计与技术 [M]. 北京. 中国建筑工业出版社，2004

24. 陈小军. 戴晓玲. 于文波. 基于建筑师核心能力培养的本科课程设置 Undergraduate Curriculum Design Based on Architects' Core Abilities Cultivation[J]. Applied Mechanics and Materials,2013.01

25. 冯刚. 高层建筑课程设计 [M]. 江苏人民出版社，2011

26. 卓刚. 高层建筑设计（第二版）[M]. 华中科技大学出版社，2013